化学

美しい原理と恵み

Peter Atkins 著
渡辺 正 訳

SCIENCE PALETTE

丸善出版

What is Chemistry ?

First Edition

by

Peter Atkins

"What is Chemistry ? First Edition" was originally published in English in 2013. This translation is published by arrangement with Oxford University Press.

Printed in Japan

まえがき

学術界も暮らしや経済もしっかり支え、胸躍らせる化学の世界――その素顔をお伝えしたくて、この本を書きました。化学の評判がよろしくないのは、重々承知しています。たとえば、たぶん読者も思い出す（思い出したくない？）中学校や高校の化学。いろんなことを覚えさせられても話の筋が見えにくく、実験室はいやなにおいがする。実世界の出来事や楽しみと縁がなさそう。だから化学の考えかたや用語、計算法や法則類を、身につける気になれなかった読者も多いでしょう。

学校の化学が嫌いだった人は、大人になってますます嫌いになったかもしれません。化学産業の製品が自然を汚す、などという話をしじゅう耳にするからです。ケシの花が咲き乱れ蝶が楽しげに舞っていた草原を荒地にし、自生のハーブが採れた土手を生物の棲めない泥地に変え、清流をヘドロだらけにしてしまい、さわやかな空気を悪臭だらけにする……それが化学なのだ、というわけですね。

なるほど化学には、そういう面がありました。けれど、すばらしい面もたくさんあるのです。色眼鏡を外して化学を見つめ、いやな記憶は忘れて素顔をつかみ、よい面は評価したいもの。化学の目で世界を見つめ、化学の原理とつき合って、物質世界ばかりか文化にも大きくからむ化学のことを、ぜひわかっていただきたいのです。

化学者はどんなふうに考えるのか、また、化学者が明るみに出してきた物質の秘密が、私たちの人生をどう豊かにしているのかを、順々にご紹介します。化学が相手にするものは、石ころから人体まで幅広い。地下から掘り出したものや、空気から分けとったものを変身させ、衣服や食品や娯楽に役立てる方法も、わかりやすくお伝えしましょう。

化学は社会のインフラづくりに欠かせません。身近なものはたいてい、化学の直接産物か、化学素材を使ったものです。化学や化学産業の成果を捨てたら、ほとんど何も残らない。数えきれない品物に使われている金属も、さまざまな建材も、計算や通信に活躍する半導体も、暖房・発電・輸送用の燃料も、衣料や家具にする繊維も、暮らしにきれいな色を恵む染料や顔料も、フッとかき消えてしまうのですから。

化学の知恵から生まれた肥料や殺虫剤がなくなれば、おびただしい人が餓死します。麻酔薬がなければ、激痛に耐えるしかない。医薬品がなくなれば、患者さんはじっと死を待つしかありません。

飲み水を安全にする物質を含め、化学製品のない世界は、青銅時代のさらに前、石器時代だといえましょう。金属はほとんどなくて、燃料は薪だけ、衣料は草の繊維か毛皮だけ、薬は薬草だけの暮らしです。計算に使えるのは自分の指しかなく、穀物もあまりとれません。

技術を前に進めたのも、電気・磁気・光学・力学面にすぐれた材料や、高純度の材料など、望みの性質をもつ材料でした。すごい薬をみつけて大量生産できれば、健康を守りやすくなる結果、病院のインフラや医療機器に使うコストを減らせます。発電や送電や省エネも、化学の生む材料が支えてきました。

ただしもちろん、天然物と、化学者が天然物からつくる物質は、天地ほどちがいます。ときに合成物は自然を汚し、代償を払うハメになりました。そんな事実に不安を感じるのは、もっともなことです。またときに化学の成果は、人の命を守るどころか、殺傷能力を高めたりします。新しい爆薬を使う強力な武器がその例ですね。

いちばんの心配は、先ほども触れた環境汚染でしょう。化学製品や、製品づくりの工程で出る物質が、自然環境を傷めるのです。産業界は、製品をなるべくたくさんつくって収益を上げたい。かたや消費者は、次々と新しいものをほしがる。両者のからみ合いが、かけがえのない生態系に害を及ぼしてきました。産業界は通常、汚染対策を行政にゆだねるしかありません（ただし、13および121ページ参照）。なんとも悩ましい話ですけれど。

とはいえ、そういう暗い面だけでなく、化学の全体像に目を向けましょう。清潔で快適な暮らしができ、寿命が延びたのも、化学のおかげです。効率のいい旅行も輸送も、魅力たっぷりのドレスも、化学の恵みだといえます。マイナス面を正しく心配しながらも、明るいプラス面にも目を向けていただきたいのです。

化学を学ぶもうひとつの意義は、身近なあれこれのしくみを、根元のところでつかめること。化学は物質の成り立ちを暴き、物質の心臓部に切りこみます。バラの花はなぜ赤く、葉はなぜ緑なのか？ ガラスはなぜ割れやすく、繊維はなぜしなやかなのか？……というようなことをわからせるのが化学です。

むろん、音楽理論など学ばなくても音楽を楽しめるのと同じく、しくみなど知らなくても自然の美しさは楽しめます。けれど、化学の目で物質を見つめる力がつけば、人生は楽しく、実り多いものになる――と私は確信しています。

本書で私は、そんな旅に読者をお誘いしたい。学校で習ったけれど忘れかけた化学の、たぶんあまり楽しくはなかった記憶を振り落としていただけると思います。化学は広くて深いため、本書をお読みになっても化学の学位はとれませんが、化学の広がりをじっくりご鑑賞ください。化学の成り立ちを知り、コアの発想をつかめば、文化・娯楽・経済を含めた社会全体を支える化学の威力と魅力が、よくおわかりいただけることでしょう。

貴重なご意見をいただいた英国インペリアルカレッジのデヴィッド・フィリップス教授に心より感謝します。

２０１３年　オックスフォードにて

ピーター・アトキンス

目次

第1章
化学の起源・対象・成り立ち

錬金術から芽生えた化学は、原子を「通貨」にして物質世界をつかむ。歩みを進めるにつれ、大きく物理化学・無機化学・有機化学に分かれてきた。ただし孤立した分野ではなく、物理学を基礎に、生き物のしくみも明るみに出す化学は、「セントラル・サイエンス」とよぶにふさわしい。科学全体の中で、化学はどんな位置を占めるのだろう？

歴史の歯車を回してきたのは、おもに人間の欲望でした。成熟したいまの化学も、欲望が芽生えさせたといえましょう。

13～18世紀のころ**錬金術**にとらわれた人たちは、永遠の生と、尽きることのない富を求めました。不老不死の仙薬をつくりたい。また、金に似たもの（色なら尿や砂、重さなら鉛）を金に変える「賢者の石」を見つけたい……。[*1]
不老不死の仙薬も賢者の石も、見果てぬ夢でした。けれど、さまざまな実験を通じて物質になじんだ錬金術師たちが、本物の科学＝化学に通じる道を拓いたのです。

錬金術から化学へ

錬金術を化学に変えたのは天秤です。重さを精密に測り、物質に数値を当てはめるのは、なんとも画期的でした。空気や水、金などさまざまな物質を、意味のある数値で区別することにより、物質世界の本質に向けた一歩を踏み出したのですから。

物質それぞれに数値を当てはめる——それが物質の研究（つまり化学）を、物理科学の領域に導き入れました。ものの性質を数値化できれば、世に伝わってきた理論の当否を、きちんと検証できることにもなります。

変化の前後で重さをこまかく比べる営みが、化学の土台を明るみに出しました。**原子**です。万物は原子（分割できない粒）からできている、と証拠もなしに古代ギリシャ人が考え、以後2000年以上も世に広まっていた考えをジョン・ドルトン（1766〜1844）が新しい目で検証し、科学の裏づけを与えます。彼は反応の前とあとで重さを測り、ものの素材となる元素が「一定不変の原子」からできていること、つまり物質が変化しても原子は変わらないことを確かめたのです。[*2]

原子は化学の「通貨」だといえます。化学で何かを説明するときは、原子そのものや、原子がつながった**分子**をもち出すしかありません。読者が見るものも触るものも、原子からできている。原子はたいへん小さいのですが、目に見えないと思うのは誤りです。木を見れば原子を見ているのだし、椅子を見れば原子を見ている。このページを見れば原子を見ている。頬に触れば原子に触り、布に触れば原子に触っているのです。

むろん、原子1個は小さすぎて見えません。でも、万物は原子からできているため、何かを見たら、原子の集団を見ていることになりますね。じつのところ、いまや原子1個の像も見えるのですが、そのことは第5章で紹介しましょう。

原子の種類

原子の種類は、100と少しです。「種類」の意味は第2章で説明しますが、ともかく原子の種類が**元素**を決めます。水素、炭素、鉄……という元素があるように、水素原子、炭素原子、鉄原子……がある。2013年現在、リバモリウムまで114個の元素に名前がついています（ただしリバモリウムは「116番」元素。113・115・117・118番が未命名）[*3]。物質が変化しても、原子は変わらない。結合の相手を変えるか、つながりかたを変えるだけ——それが化学のコアでした。つまり化学は、離婚・再婚の世界だといえましょう。

原子（英語 atom）という言葉は、「分割できない」というギリシャ語 *atomos* からできました。でも、じつは分割できるのです。そのことは、ただ考えるだけでも見当がつきましょう。原子には「種類」があって、それぞれの「重さ」がちがう。すると原子には、もっと小さい成分があり、成分（**核子**）のどれかが多いか少ないかで「種類」が決まる——というのが自然な発想になるわけですから。

むろん核子があることは実験でわかりました。原子の内部構造（原子の個性をつくるもの）は第2章で眺めましょう。物理学者が暴いた原子の内部構造をもとに化学者は、原子がつながってできる分子の性質や反応を説明します。そこに、化学と物理学の切っても切れない縁があるわけですね。

ミクロ世界と量子力学

すると化学の根元をつかむには、物理学の発想を借りる必要があります（お返しに化学者は、物理学者が研究に使う物質をつくる）。物理学から借りた発想のうち、たいへん大事なものが二つあります。ひとつは、原子や核子のふるまいを解き明かす理論。そしてもうひとつが、コップに入れた水や鉄の塊など、目に見え、手に触れられるもの（バルク物質）の性質を説明する理論です。それぞれ、**ミクロ世界**、**マクロ世界**の理論だといえます。

ミクロ世界の理論が**量子力学**です。いまの化学が形を整えていった19世紀、ミクロ世界のありさまは説明できないことだらけでした。当時の先端理論は、物体の運動を説明するアイザック・ニュートン（1642〜1727）の**古典力学**です。惑星や球の運動を完璧に説明できるからには、化学の世界も、つまり原子のふるまいもニュートン力学で説明できるだろう——というのがおおかたの見かたでした。

ニュートンもそんな感覚でいたから、物理学の研究を続け王立造幣局の長官を努めるかたわら、錬金術に没頭したのかもしれません。しかし19世紀の末から20世紀の初めにかけ、ミニ惑星（原子）の性質を解き明かすのに古典力学は無力だとわかります。ニュートン力学の基礎だった発想そのものさえ、原子や核子には当てはまりそうもない。本物の惑星とミニ惑星は、まったく異質な世界だったのです。

１９２０年代に生まれた新しい力学が、原子や核子のふるまいをきちんと説明できました。新しい物理の理論（量子力学）は、実験事実の解釈や、物質の性質を予言する力にすぐれ、いままミクロ世界の解剖では、ほかの理論を寄せつけません。

あいにく量子力学は、難解きわまりないのが泣きどころです。本書では、化学全体を貫く「原子のふるまい」に話をかぎり、量子力学から出てくる結果を、できるだけやさしくお伝えしましょう。試験管の中で何か反応が進むときも、液体が沸騰するときも、原子たちは量子力学に従ってふるまいます。そのため物質世界をつかむには、どうしても量子力学のイメージを動員する必要があるのです。

マクロ世界と熱力学

物理学からの借り物にはもうひとつ、物質のマクロな性質を説明する**熱力学**があります。**エネルギー**とその変換を扱う理論です。誕生のきっかけは、**蒸気機関**の改良でした。ビクトリア朝期（1837～1901）の英国では、蒸気機関の（文字どおりの意味も含めた）牽引《けんいん》力が、産業革命を花開かせます。蒸気機関の効率を上げ、さらに便利な社会をつくりたい……そのために生まれた学問が熱力学です。

誕生からほどなく熱力学は、化学の現象もうまく説明できるとわかりました。化学の根元にある原子のふるまいが、エネルギーと切っても切れない関係にあるからです。

物質（燃料）を燃やせば、エネルギーが出ます。そのエネルギー（発熱量）は大いに役立つのですが、それだけにとどまりません。物質をつくる原子たちがどんな運動をし、どんな構造をつくって、どうつながり合うのか、さらには、さまざまな変化がどういう速さで進むかも、エネルギーが決めるのです。くわしいことは、いずれ折々に触れましょう。

またエネルギーは、第3章で説明するとおり、反応を進める原動力でもあるとわかりました。つまりエネルギーは、化学現象のすみずみに浸透しているのです。そのため、蒸気機関の改良を目的に生まれたとはいえ、熱力学が化学で大きな役割をするのは、しごく当然のことだといえましょう。

化学と生物学

化学の土台を掘り下げていけば、物理学の層にぶつかります（もっと下にあるのが、数式を提供する数学）。一方で上に向かえば、医学や薬学と密接にからむ生物学の世界です。じつのところ生物のしくみは、「手のこんだ化学」にすぎません。そんな言いかたは、「社会学は、しょせん手のこんだ素粒子物理学にすぎない」という極論に似ているため、生物分野の方々から叱られるかもしれません。お叱りを受ける前に、少しだけ補足させてください。

生物の組織をつくる原子や分子は、むろん化学の素材です。生物が「生きている」のは、化学反応の複雑なネットワークが働くからで、反応のありさまを説明するのは化学ですね。生殖も、特別な分子の構造と反応の表れですから、化学の世界にほかなりません。生物が環境に応答する嗅覚や視覚も、分子構造の変化が生み出すため、いわゆる五感も「手のこんだ化学現象」にすぎない。もっと高度な側面、つまり進化や生命の起源も、熱力学第二法則が「手のこんだかたちで働く結果」だから、やはり化学の領分に入るのです。

私たちヒトは、いろいろなことを考えます。そういう思考も、思考の積み上げから生まれる思想も、分子構造の変化や化学反応が複雑にからみ合う結果です。動物の行動さえ「手のこんだ化学」だといってかまわないけれど、そこまで読者に押しつけるつもりはありません。いずれにせよ、生物の組織も応答も、体の中で進むいろいろな出来事も、ことごとく化学の領分に入るのです。つまり化学は生物学のすみずみに浸透し、生物のことを理解するうえで大いに役立ってきました。

社会的動物としてのヒトは、いろいろなものをつくります。地下から掘った鉱石や、地下から汲み上げた液体（原油）や、空気から分けとった気体をもとに、役に立つものをつくる。できた素材を成形し、たたいて広げ、糸につむぎ、貼り合わせ、食べ、あるいはただ燃やすのも、化学の営みにほかなりません。鋳造や鍛造や加工といった「ものづくり」の現場にいなくても化学者は、産業のコメ（素材）を産み出し、世界経済と、個人や国家の営みに大きな貢献をしてきました。

まえがきでも触れたとおり、うるわしい眺めの中には汚点やシミもありました。爆薬や神経ガスをつくり出し、人類の殺傷能力を上げたことです。さらには、気づかないまま自然環境を傷めてきた歴史もあります。そうした事実あれこれに目をつぶって化学を語るのは、許されないことでしょう。

環境汚染のことは、またあとで考えます。さしあたりは、読者の生活シーンから化学の製品をなくしたらどうなるか、考えてみてください。辛くて危険にあふれ、とても快適とはいえないし、将来よくなる見込みもない石器時代の暮らしです。化学の暗い面と明るい面を秤にかけたとき、どちらが重いのだろうかと自問してみてください。

化学の領域

① 伝統の分類

どんな分野も、広がるほどに分化が進みます。歴史や文学、経済学もそうですね。**自然哲学**の片隅から出発した化学も、例外ではありません。守備範囲があまりにも広いため、中身を整理しないと話が見えにくい。浜辺に打ち上げられたクジラに似て、どうにも身動きがとれない。それを避けるために化学者は、分野をいくつかに分け、各国が政策や経済の方針を決めるのと同様、活動の中身を整理してきました。

国境とはちがい、分野の境界はぼやけています。ただし人間社会と同様、ときに異文化の出合いが、目覚ましい進歩につながりました。新しい発想は、成熟した二分野の接点で生まれやすいのです。生物学や物理学、地質学などと触れ合うフロンティアでも、往々にして新しい発見や進歩が生まれます。

さしあたり、大学の学科名や学術誌の名前に見える伝統的な分類を眺めます。とはいえ、最先端では互いの融合が進んでいることに注意しましょう。

化学は伝統的に、物理化学、有機化学、無機化学に分類されてきました。

物理と化学の境界にある**物理化学**では、おもに理論を扱います。理論の二本柱が、原子や分子のふるまいを解き明かす量子力学（ミクロ世界）と、エネルギーの変換や利用を扱う熱力学（マクロ世界）。反応の速さも、マクロ世界とミクロ世界の両方で扱います。ミクロ世界だと分子1個に注目し、結合が切れたりできたりする変化が対象です。また、**分光法**などの測定（第5章）で得た結果を解析するのも、物理化学の大切な守備範囲になります。

分光測定では、光（電磁波）と分子が働き合う結果として出る情報を、「人工の目」が受けとり、そうした情報を、量子力学などを使って解釈します。似たような営みは化学と物理学の両方で行われ、物理学なら「化学物理」とよぶのがふつうです。

二つ目の**有機化学**は、**炭素**の化合物を調べます。炭素は「平凡ながら多産な元素」で、たった1個の元素が分野ひとつをまるごとつくる。周期表の中ほどにある炭素は、つくりたい結合の好みが少ないのです。たとえば、仲間どうしでもつながりやすい。性格が穏やかなので、複雑な鎖や環もつくれる。生命活動には複雑な化合物が欠かせないため、生物のインフラは炭素の化合物がつくるのですね。

炭素化合物（有機化合物）の種類は、1000万の桁にのぼります[*4]。だからこそ、たった1個の元素が有機化学という広大な分野をつくり、実験技術や命名法、研究内容を進化させてきました。

その「有機」とは？ 炭素の化合物はたいへん複雑なため、当初はみな自然がつくると思われていました。つまり、生物だけがつくるという**生気論**です。1828年に単純な無機物質から尿素ができて、生気論は「終わりの始まり」を迎えます。しばらく続いた激論のあと、有機化学の「有機」は死語になったのですが、便利な用語はそのまま残りました。とはいえいま「有機化合物」は、生体分子ではなく「炭素化合物」の意味しかもちません。

炭素を除く約100種の元素を調べるのが**無機化学**です。個性とりどりの元素が相手だから、研究の進みはすごくても、むやみに広がりやすい分野だといえます。発散を避けるため、サブの区分けもできました。そのひとつ**固体化学**では、超伝導体（115ページ）とか、高速コンピュータを生む半導体など、無機の固体を調べます。

化学者が指揮者と作曲家を兼ね、楽器それぞれに指示を出しつつ交響曲を奏でる100名編成のオーケストラ……それが無機化学だと思えばよろしいでしょう。

先ほど触れた二酸化炭素や、命を奪う一酸化炭素、みごとな景観をつくる石灰岩など単純な炭素化合物は、有機化学の守備範囲から追い出され、無機化学で扱うことになりました。

有機化学と無機化学の境目には、金属が結合した炭素化合物もあります。そんな化合物の一部が、化学産業の触媒になったり、生体内反応を支えたりする。境界領域のひとつ、**有機金属化学**の世界です。

② 手法に注目した分類

こうした大分類のほか、いくつかの区分けがあります。実験法や発想を三分野から借用し、さまざまな比率で味つけしたような領域のあれこれです。わかりやすいものを少しだけ紹介しましょう。

分析化学は、「それは何？」を追求します。この鉱物は何を含む？　金か、それともハフニウムなのか？　原油はどんな炭化水素が混ざったもので、炭化水素のほかには何を含む？　合成した化合物はいったい何か？　原子たちはどうつながり合っている？　そうした問いに分析化学者は答えるのです。

昔ながらの試験管やフラスコ、蒸留器も使いますが、いまは分光測定とか、無機化学者や有機化学者が開発した高級な機器を使う研究が主流になりました（一部を第5章で紹介）。分析化学から枝分かれした**法化学**では、さまざまな分析技術を犯罪の鑑識に使って容疑者を特定し（あるいは容疑を晴らし）、結果を裁判に役立てます。

化学の知恵と腕で生物のしくみに迫るのが**生化学**です。生体分子の構造や反応を調べ、食物の代謝を原動力とした生物機能（思考も含む）を解き明かします。

数十億年もかけて進化した生物は、いまなお有機分子の宝庫です。生化学者は、生体化合物を特定し、その化合物を体内の働き蜂（酵素という名のタンパク質）がどうやってつくったのかつきとめる。人間中心主義を承知でいうと、私たちが種の絶滅を心配するのは、はるかな時間の中で生まれた分子が手に入らなくなってしまうからです。

工業化学では、化学者と技術者が共同し、試験管内の反応をスケールアップして商業生産につなげます。国家経済にも国際交易にも、工業化学者の貢献は絶大です。英国のＧＤＰは20％までを化学品が占め、米国では生産品の96％までが化学にからむため、鼻であしらえるような営みではありません。

化学産業は昨今、グリーンケミストリー（第7章）に心を砕いています。製造工程の廃棄物をできるだけ減らして投資効率を高めるかたわら、環境への悪影響を抑え、大切な資源の保全も目指す営みです。

他分野への貢献

化学は、さまざまな周辺分野から恵みをもらいつつ歩んできました。けれど、周辺分野のほうも、化学から受けた恵みがずいぶん多いのです。

たとえば、見た目は物理学の守備範囲に入るエレクトロニクスやフォトニクス（光を使う情報伝達やデータ処理）の分野がそう。もし化学者のつくる半導体がなければ、計算機は真空管方式のままだったでしょう。化学者が光ファイバーをつくらなければ、情報伝達の進化もどこかで止まったかもしれません。

生物学も似ていました。ことに、DNA（デオキシリボ核酸）分子の構造と、世代から世代へと情報を運ぶしくみ（化学反応）の解明から生まれた**分子生物学**がそう。細胞の複製に働く物質がわかってようやく、生物学は物理科学の一分野になったのです。化学の知恵と技術が成熟したからこそ、生物学の研究に勢いがついたともいえます。また、生物学と化学の合流を通じ、すぐれた医薬品を世に出す**薬化学**は、化学が社会になした貢献のうち意義がたいへん大きいうえ、万人が認める貢献でしょう。

まえがきにも述べたとおり、化学から社会が受ける恵みは計りしれません。医学、農業、装飾など、あらゆる分野の素材を化学がつくるからです。私たち個人も、人生を楽しむ「内なる目」が身につくという意味で、化学から大きな恩恵を受けています。

化学の恵みはどれも、物質のふるまいを解き明かす営みから生まれました。その実体を次章からご紹介しましょう。

［訳注］

＊1　錬金術の時代は、古代の4元素説（万物は土・水・空気・火からなるという説）をもとに、金属は（液体の水銀を除き）どれも「土」で、見た目の差は「純度のちがい」にすぎないと思われていた（ちなみに水銀は「水」の仲間）。そのため、「最高純度の土」つまり金を目指す営みに違和感はなかったらしい。

＊2　通常、反応前後の質量を天秤でこまかく測り、1774年に「質量保存則」を確立したのはフランスのアントワーヌ・ラヴォアジエ（1743〜94）とみる。彼は1789年の『化学要論』に、33元素の表を含め、当時の化学を集大成した。ドルトンは1790年代に化学の研究を始め、原子量の表（1803年）などをまとめた『化

学哲学の新体系』を１８０８年に刊行。ラヴォアジエとドルトンは28年間に及んで生涯が重なる。原著者アトキンスがラヴォアジエに触れていないのは、同国人のドルトンを重視したせいかもしれない。

＊３ 少し古い教科書だと載っていない１１０番以降の元素は、次のように命名されている。
１１０番　ダームスタチウム Ds（ドイツ・重イオン科学研究所の所在地ダルムシュタットから。命名２００３年）
１１１番　レントゲニウム Rg（レントゲンから。命名２００４年）
１１２番　コペルニシウム Cn（コペルニクスから。命名２０１０年）
１１４番　フレロビウム Fl（ロシア・ドブナ合同原子核研究所の設立者フリョーロフから。命名２０１２年）
１１６番　リバモリウム Lv（米国のリヴァモア国立研究所から。命名２０１２年）
なお、１１３番（未命名）の合成・確認には日本の理化学研究所も大きな貢献をした。

＊４ 米国化学会の組織ＣＡＳ（Chemical Abstracts Service）は１９０７年から、整理番号をつけて物質の登録を進めてきた。２０１２年12月現在、登録された有機化合物と無機物質の総計は約７１００万種にのぼる（ほかに遺伝子の塩基配列が６４００万種）。通常の物質はほぼ８割が有機化合物とみれば、名前をもつ有機化合物はおよそ６０００万種になる。なお昨今、物質の登録数は年に約５００万種（６秒間に１種）の割合で増加中。

第2章

化学の原理①──原子と分子

化学全体を貫く原理のうち、まずは原子の成り立ちと、原子がつながり合ってできる分子や化合物のことを眺めよう。

周期表

化学の話をするときは、**周期表**が大きな助けになります。周期表は19世紀の後半にドイツのロタール・マイヤー（1830〜95）やロシアのドミトリー・メンデレーエフ（1834〜1907）ほかが考案しました。ただし、おなじみの形になる理由がわかったのは、原子のつくりが明るみに出た20世紀のことですけれど。

化学の現場は周期表だらけといえましょう。たいていの実験室や教室に貼ってあるし、教科書はまず例外なく載せていますね。私も1枚を巻末に載せました。[*1] でも、周期表が化学のすべてを語るわけではありません。研究者が毎朝にらんで発想のタネにするわけでもないし、仕事中にしじゅう見るわけでもない。心の隅に置いておき、いざというときにチラリと眺め、元素どうしの関係を確かめるくらいでしょう。

ただし、化学を学ぶ（教える）ときなら、周期表は欠かせません。なにしろ、１００種にのぼる元素の性質を個別に学ばなくても、周期表のどこにあるかで性質の見当がつき、元素どうしの関係も覚えやすいからです。メンデレーエフが周期表の着想を得たのも、初学者向け化学教科書の構想を温めているときでした。

周期表は、元素と元素の間にある深くてきれいな関係を浮き彫りにします。元素の並ぶ順番を覚えるだけだと、その肝心なことをつい忘れがちなのですが。

まだ周期表がない時代に生きている、とご想像ください。酸素（無色の気体）も、硫黄《いおう》（刺激臭を出して燃える黄色い固体）もご存じだとします。その2元素に深い関係があるといわれても、にわかにはうなずけませんね。窒素（安定な無色の気体）とリン（白く光りながら燃える固体）の血縁関係も見抜けません。また、同じ金属でも、赤っぽい銅と、灰色の亜鉛、液体の水銀はどうか？　とても仲間どうしとは思えないでしょう。

周期表がまだできていないとしたら、見た目のまったくちがう元素が兄弟や従兄弟《いとこ》どうしなのかどうか、見抜く手がかりはありません。いやその前に、いろいろな元素の「血縁関係」という発想さえ浮かばないはずです。

周期表が手元にあれば、元素の血縁関係がパッとつかめます。酸素と硫黄は同族だから、周期表の上下で隣り合う。窒素とリンもそうだし、お互い近くにある銅と亜鉛と水銀もそう。見た目のちがいは、たまたまのことにすぎません。血縁関係は、元素たちがする反応や、反応の結果できるものからわかるのです。

元素の血縁関係は、**原子**のつくりから生まれます。そこで以下、いろいろな元素の原子がどんなつくりをしているのか調べましょう。

原子のつくり

原子のつくりをつかむには、難解な**量子力学**をもち出す必要がある……と私は(少々ためらいながらも)第1章で言いました。けれど同時に、むずかしい理論のうち、本書の範囲を超えないことだけご紹介するとも言いました。どうぞご安心ください。ポイントになるイメージさえつかめば、原子のつくりはかなり単純です。元素どうしの関係もわかるし、ある元素どうしは結合するのに別の元素どうしは結合しない理由も、それほど苦労なくおわかりいただけると思います。

まずは原子のイメージです。原子は、核（**原子核**）と、核のまわりを雲のようにとり囲む電子（**電子雲《うん》**）からできています。その「核モデル」の原型は、１９１１年にアーネスト・ラザフォード（１８７１〜１９３７）が見つけました。核はプラスの電荷をもち、電子はマイナスの電荷をもつ。プラス電荷とマイナス電荷の引き合いが、原子をつくっています。

読者もご存じのとおり、原子はたいへん小さいものです。いまの文章を終えた句点（。）は、プリンター印字だとすれば、１００万個を超す炭素原子からできています。けれど核は、原子よりはるかに小さい。原子をドーム球場に見立てたら、フィールドの中心にある直径２ミリほどの砂粒が核なのですから。

肝心な「核のまわり」を眺める前に、核そのものを見ておきましょう。核は二つの成分、**陽子**（プロトン）と**中性子**（ニュートロン）を含んでいます。[*2] 陽子はプラス電荷をもち、中性子は電荷がありません。電荷を別にすれば陽子と中性子は双子のようなもので、質量がごくわずか（約０・１％）ちがうだけ。核の中で陽子と中性子はたいへん強い力で引き合うため、莫大なエネルギーを加えないかぎり、核をバラバラにはできません。

化学反応で出るエネルギーは小さいので、核にはいっさい影響しません。つまり核は「化学反応の見物人」だといえます。とはいえ、核のつながりかたが変わるのが化学反応だから、ただの見物人ではなく、主役にもなるのですが。

原子の個性（つまり元素）を決めるのは、核内にある陽子の数です。陽子が1個なら水素、2個ならヘリウム、6個なら炭素、7個なら窒素、8個なら酸素……と、116個のリバモリウムまで続きます。陽子の数が、元素の**原子番号**にほかなりません。つまり元素は、原子番号の順に整理できるわけですね。*3

こうして元素たちは、ただのゴタ混ぜではなくなります。原子番号の順に水素、ヘリウム、リチウム、……リバモリウムと、きれいな序列をもつのですから。原子番号は出席簿のようなものだといえましょう。だから現在、118番までの元素が（ほぼ）特定でき、114個に名前がつきました。まだ無名の113・115・117・118番を含め、元素の「抜け」はまったくないと確信できるのです。

同位体

中性子は「出席簿」に関係ありません。核内には陽子とだいたい同数の中性子があります。中性子の数がちがっても、原子番号（元素）は同じ。いろいろな中性子数の原子をもつ元素、つまり質量のちがう原子をもつ元素もたくさんある。そうした原子どうしを、周期表上で同じ位置にあるため**同位体**（アイソトープ）よびます。[*4] ちなみに英語のisotopeも、ギリシャ語の*isos*（同じ）と*topos*（位置）をつないでつくられました。

たとえば水素には同位体が三つあります。ふつうの水素H（陽子1個だけ）と、重水素D（陽子1個＋中性子1個）、トリチウムT（三重水素。陽子1個＋中性子2個）です。[*5] 天然の水素は、Hが99・98％以上、Dが約0・02％を占めます。D原子1個と酸素Oの原子2個がつながった水D_2Oは、ふつうの水H_2Oより1割がた重い「重水」です。なおトリチウムTは放射性で、12・3年（半減期）ごとに量が半分に減っていきます。

電　子

核のまわりには、化学反応で主役になる**電子**があります。電子の電荷は、絶対値が陽子とぴったり同じでも、符号が反対です。そのため、正味の電荷をもたない原子なら、電子の数は、核内の陽子数とぴったり同じでなければいけない。つまり電子の数は、原子番号（陽子の数）にちょうど等しくなります。

たとえば、水素（原子番号1）の原子は電子を1個もち、炭素（原子番号6）の原子は6個、……リバモリウムの原子は116個もつ。電子の質量は陽子や中性子よりずっと小さいので（約2000分の1）、電子を考えても考えなくても、原子の質量はほとんど変わりません。けれど、そんな電子が、元素の性質をピシリと決める。どんな化学反応が起こるかも、ひとえに電子のふるまいが決めるのです。

化学者は、核のことをほとんど気にしません。気にするのは、核が電子の数を決める点くらいでしょう。ただし、ひとつだけ例外があります。水素原子の原子核（陽子1個）です。陽子が主役を演じる化学変化は、第4章の話題にします。

どんな化学変化が進んでも、核はまず変わりません。つまり元素は変わらない。だからこそ、鉛（陽子82個の82番元素）を金（陽子79個の79番元素）に変えようとする錬金術師の仕事は、失敗する運命にありました。熱してもかき混ぜても、たたこうと踏みつけようと、鉛原子の核にある陽子3個をつまみ出す「元素変換」は不可能だったのです。

ただし元素変換は起こせます。**核反応**を起こせば……ですけれど。それを扱うのが、原子力や核物理の分野です。化学者の出番は、核燃料をつくったり、放射性廃棄物を処理したりするところにあるのですが、ともかく**化学反応**で核は変わりません。

化学反応の紹介は第4章に回し、本章では、「原子たちはなぜつながり合うのか？」を考えましょう。そのとき主役になるのが、核をとり囲む電子たちです。

雲のタマネギ

何はさておき、「電子＝粒」というイメージは捨ててください。電子は核のまわりに、「雲」のような姿で分布しているからです（**電子雲**）。電子雲は、ぼんやりと核にとりついた霧や「もや」のようなものではありません。電子雲のありさまをきちんとイメージするのが、原子の理解に向けた第一歩です。

空のいろいろな高さに、それぞれ種類のちがう雲が浮かんでいることがありますね。宇宙から見たとすれば、雲の層が何枚か、地球をとり囲む状況です。じつのところ、量子力学で計算すると、核をとり囲んでいる電子も、それとよく似ています（空の雲とはちがい、雲をつくる電子は猛スピードで動いているのですが）。

また電子雲は、「電子の存在確率」を表します。つまり、電子の見つかる確率が、雲の濃い場所で高く、薄い場所では低い。こうしたイメージを、まずは心に置きましょう。

量子力学の計算結果は、もっと不思議なことも教えてくれました。いちばん低い（内側の）層には、電子が2個しか入れません。次に高い層は8個、さらに続く層は18個、お次は32個……というパターンになる。そのパターンから、水素原子の核は電子1個の雲がとり囲むとわかります。電子6個の炭素原子なら、最低の層は電子2個の雲がつくり、次に高い層は、電子4個の雲がつくるわけです。

つまり原子は、電子雲が核をとりまく「雲のタマネギ」だと思ってください。太陽と地球のようなものではありません。決まった数の電子が内側の層に入り、満杯になったら次の層に入っていくわけです。入れる電子が内側の層から2個、8個、18個……となるわけは、量子力学から出てくるのですけれど、さしあたりは気にしなくてかまいません。

以上のことだけでも、周期表のたたずまいと、元素どうしの血縁関係を生むものが、おぼろげに見えてきます。巻末の周期表を見てください。水素（電子1個）に続くヘリウムは、電子が2個ですね。原子番号2のヘリウムは、周期表の右端にあります。つまりヘリウムで、最初の層が満杯になりました。

原子番号3のリチウムがもつ電子は3個です。3個目の電子は、第2の層に入るしかありません。第2の層には8個まで電子が入るのでした。電子が加わると、途中の炭素・窒素・酸素を通り、最後尾ではヘリウムに似た気体のネオンができる。ここで第2の層も満杯です。

続く電子は、第3の層に入ります。まずできるナトリウム[*6]は、高校でも教わるとおり、真上のリチウムに性質がそっくりです。「満杯の層よりひとつ外の層に電子を1個もつ」ところが同じ……という点に注意しましょう。

周期表が独特のたたずまいをもつ理由は、これでほぼ浮き彫りになりました。周期表の顔つきは、雲の層に電子が入っていくもようを映し出すのです。左端にある元素は、「初めて」の高い層に電子を1個だけもっています。同じ行（周期）を右へ進むと、その層に電子が1個ずつ増えていき、右端の元素で満杯になるのです。

じつは第3の層から、満杯になっていく層の順番が少し狂うようになります。理論の裏打ちはありますが、本書の範囲を超すため、くわしい説明はしません。また先ほど、行の長さは2個、8個、18個……だと書きましたが、周期表をチラリと見ればわかるとおり、やや変則なパターン（2個、8個、8個、18個、18個……）です。それも「理論の裏打ちがある」ということですませましょう。

大事なポイントは、周期表の縦方向（列＝族）で「電子雲の層」がそっくりな姿をもつところです。それが元素の「血縁関係」につながります。たとえば酸素の原子では、いちばん外の層に6個の電子が入り、真下の硫黄でも、いちばん外の（ただし酸素より1ランク上の）層に6個の電子が入っている。窒素と（真下の）リンも、内側の（満杯の）層はちがうけれど、いちばん外の層に5個の電子が入っていますね。

原子はスカスカ……という誤解

原子はほとんどスカスカ……という言いかたは、まったくの誤りです。電子は雲のようにふるまい、先ほどのたとえ（20ページ）でいうと、ドーム球場内の空間をすみずみまで満たしているのですから。「雲」が濃い場所も薄い場所もあるのですが、空間をびっしり満たしていることに変わりはありません。

原子がスカスカというのは、数学でいう「点」の電子が、核のまわりを惑星のように回っている……という古くさいイメージなのです。

そのイメージを壊した量子力学が、電子は雲のような存在だと教えました。場所ごとに濃淡はあっても、空間をくまなく満たす雲だといえます。

なお当面、電子に「大きさ」があるかどうかはわかっていません。かりにあっても「ゼロすれすれ」です。ともかく、電子を「粒」とみるのは誤りだと心得ましょう。

つながり合う雲

化学で大切なのは、個々の原子というよりも、原子たちがなぜ、どんなふうにつながり合うかです。原子のつながりが生む化合物は、いま数千万が知られています。まだ見つかっていないため名前のない化合物は、もっともっとあるでしょう。

豊かな自然環境は、おびただしい種類の化合物が生むのですね。化学者たちは日夜、新しい原子のつながりをつくり、できた化合物の構造や性質を明るみに出そうとしています。思いどおりの化合物をつくるには、原子がどうつながり合い、つながりかたは何が決めるのかを知らなければいけない。つまり**化学結合**の世界です。

原子がつながり合うと、水や食塩やメタンやDNAなど、それぞれ個性をもつ化合物ができます。原子はなぜつながり合うのか？　また、どんな原子どうしもつながり合うのか、それとも、どうやってもつくれない結合があるのか？　物質世界は多様ですが、多様性のなかにも秩序があるように見えるのはなぜなのでしょう？

逆向きの問いにします。宇宙の原子が全部つながり合い、巨大なかたまり1個になってしまわないのは、いったいなぜなのでしょうか？

こうした問いすべてに答えるカギを、先ほどの「層をなす電子雲」がにぎっています。ある層が満杯になると、原子のエネルギーがいちばん低くなる（安定になる）のです。そうなる道は、ひとつではありません。たとえば、いちばん外の層に入っている電子を捨てればよろしい。いちばん外の層にある電子が1個や2個なら、捨てやすいでしょう。周期表の左端に近く、「初めて」の層に電子を1個か2個もつ元素が、その例になるのです。

反対に、いちばん外の層に電子をもつけれど、あと1個や2個で満杯になる原子なら、別の原子から電子をもらって満杯にしてもいい。周期表の右端に近い元素が、そんな性質をもっています。

別の手もあります。2個の原子が、いちばん外の層にある電子を共有（シェア）したとき、どちらの層も満杯のかたちになるなら、そうすればいい。1個か2個の電子をまるごと出しても受け入れても、エネルギーにあまり「得」がない元素でそうなります。その典型となる炭素は、「電子を共有する」戦略で、おびただしい種類の化合物をつくるのです。

イオン結合

まず、電子をまるごと授受してできる結合を眺めましょう。原子が電子をもらうか失うかすると、「電荷をもつ原子」つまり**イオン**になります。イオンという呼び名は、「行く」を意味するギリシャ語 *ienai* の現在分詞 *ion* から、英国のマイケル・ファラデー（1791〜1867）がつくりました。電圧をかけると、プラス極やマイナス極のほうへ動いていくからです。

電子をもらった原子は、マイナス電荷をもつため、**陰イオン**（**アニオン**）とよびます。かたや、電子を失った原子は、プラス電荷をもつ**陽イオン**（**カチオン**）です。アニオンの「an-」とカチオンの「cat-」は、それぞれ「上流」と「下流」を意味するギリシャ語を使って、やはりファラデーがつくりました。外から電圧をかけたとき、陰イオンと陽イオンは逆向きに動くからですね。[*7]

周期表の左端に近い元素は、いちばん外の層の電子を失って陽イオンになりやすく、右端に近い元素は、電子をもらって陰イオンになりやすい——と、さっき言いました。その事実が、化学結合のひとつにつながります。つまり、電子をやりとりして生じる陽イオンと陰イオンが引き合う結合です。

おなじみの塩化ナトリウム（食塩）NaCl という化合物は、そんなふうにしてできます。ナトリウム Na（元素記号はラテン語 *natrium* から）は周期表の左端にあるため、いちばん外の層にある電子1個を失い、ナトリウムイオン Na^{+} になりたがる。かたや塩素 Cl は、周期表の右端に近いため、電子1個をもらい、いちばん外の層が満杯の塩化物イオン Cl^{-} になりたがる。

無数のNa^+とCl^-が引き合いながら集まって、食塩の粒ができるのです。

塩化ナトリウムができる道は、それしかありません。だから、海水を飛ばしてつくる食塩も、どこかでとれる岩塩も、成り立ち（組成）に変わりはない。そのため、ナトリウム原子1個が塩素原子1個に電子を1個だけ渡し、できたイオンが引き合って$NaCl$になるしか道はない（Na_2ClやNa_2Cl_3といった食塩はない）のです。

つまり原子（元素）の性質をもとに、「できる結合」と「できない結合」をきちんと区別できるのですね。

食塩をつくるような結合を、**イオン結合**といいます。異符号の小さいイオンどうしはたいへん強く引き合うため、イオン結合した固体（イオン固体）は硬く、融点が高いのです。花崗岩《かこうがん》や石灰岩も、おおむねイオン固体だから硬い。私たちの骨もほぼイオン結合でき、強い構造が内臓をしっかり守っています。

なお、固体を押したときに指が固体と合体しないのは、固体表面の電子雲と、皮膚をつくる電子雲が反発し合うからだと心得ましょう。

共有結合

軟らかい臓器や肉、体を包む衣服、石灰岩の台地を衣服のように覆う草——などの素材は、まったくちがう結合でできます。生物体もイオンを含んでいますが、そのイオンは構造をつくる主役ではありません。2個の原子が電子を共有し、互いの「雲の層」を満杯にしてつくる結合で、**共有結合**といいます。英語 covalent bonding の co- は「一緒に」を意味し、valent は「強さ」を表すラテン語 *valentia* からきました。古代ローマ人が交わした挨拶の言葉 *Valete!* は、「お元気で（強くあられよ）！」の意味でした。

中学校でも化学式を習う水分子 H_2O は、共有結合でできています。酸素原子 O がいちばん外の層にもつ電子は6個でした。あと2個を受け入れたら満杯（8個）になりますね。その2個を、水素原子 H のそれぞれと1個ずつ共有すればいい。お返しに酸素原子は、もっている電子6個のうちどれか1個を水素原子1個に使ってもらい、水素原子がもつ「雲の層」を満杯（電子2個）にさせるわけです。

これで酸素原子も水素原子も、いちばん外の層が満杯になって安定化します。だからこそ水分子の組成は H_2O となり、H_3O や HO_2 の水分子はありません。元素どうしの相性が結合のありさまを決める、といえましょうか。

窒素原子をNとしてアンモニアがNH_3となるのも同様です。窒素原子はいちばん外の層に電子を5個もつため、あと3個もらえば満杯になる。3個の水素原子から1個ずつ電子を借りればいいわけですね。同じように、電子4個（空き4個）の炭素原子Cは、4個の水素原子と電子を共有し、メタン分子CH_4をつくります。

イオン結合と共有結合の大差に注意しましょう。イオン結合は、おびただしいイオンの集合体をつくる。かたや共有結合は、H_2Oのように、いくつかの原子がつながり合った**分子**というまとまりをつくる。そのことをくれぐれも忘れないように。

だからこそ気体はどれも、酸素（O_2）や二酸化炭素（CO_2）のような分子なのです。[*8] イオン結合でできた気体はありません。たとえ一瞬できたとしても、たちまちイオンが集合して固体になるでしょう。常温で液体の物質も、分子が集まってできます。イオンでできた液体なら、イオンどうしがぎっしり集合するため、流動性は生まれません。[*9] だから水もガソリンも、分子の集団なのですね。

常温のイオン化合物は、ほとんどが固体です。けれど、あらゆる固体がイオン結合しているわけではありません。分子（共有結合化合物）がつくる固体もあり、身近なものだとスクロース（ショ糖、砂糖）やホウ酸がそう。スクロースの分子は、炭素Cと酸素O、水素Hの原子が共有結合で絶妙な形につながり合った$C_{12}H_{22}O_{11}$です。

電子対と単結合・多重結合

共有結合は、**電子対《つい》**（電子のペア）がつくります。たいへん重要なその事実を見つけたのは、20世紀最高の化学者といってもよい米国のギルバート・ルイス（1875～1946）でした。ただし、「なぜそうなのか？」をきちんと説明できたのは、量子力学が生まれてからのことですが。

本書の範囲では、電子対1個（電子2個）が共有結合を1本つくると思ってかまいません。原子どうしが共有している電子の数を2で割れば、できる結合の本数になります。共有電子対が1個なら**単結合**（記号－）、2個なら**二重結合**（記号＝）、3個なら**三重結合**（記号≡）です。たいへん特殊な四重結合は考えないことにしますが、二重結合・三重結合……をまとめて**多重結合**とよびます。

H_2O分子の場合、水素原子それぞれは酸素原子と単結合しています。二酸化炭素分子CO_2は、O＝C＝Oと書けるため、二重結合が2本です。三重結合をもつ分子の例としては、窒素N≡NやアセチレンH－C≡C－Hを思い起こせば十分でしょう。

共有結合の根元——電子のスピン

では、共有結合ができるとき、なぜ2個の電子（電子対1個）が必要なのでしょう？　その答えをくれたのは、またもや量子力学の理論です。電子は、**スピン**（自転）という性質をもっています。コマや地球のように自転しているわけではないけれど、自転していると考えてもよい性質です。

電子はマイナスの電荷をもっていました。自転する電荷は**磁石**になります。電子は、N極とS極のあるミニ磁石だと考えましょう。2本の磁石が「逆平行」に並び、一方のN極と他方のS極が向かい合えば、N極とS極が引き合う分だけ安定化します。つまり、逆向きスピンの電子2個（電子対1個）は、スピンがないとしたときの電子2個よりもエネルギーが低く、安定になるのです。

そんな電子対が、プラス電荷をもつ核2個のすき間を占めやすく、「糊《のり》」として核どうしの反発を減らす——というのが、共有結合の説明です。要するに、共有結合をつかむには、量子力学の発想を避けて通るわけにはいきません。もし電子にスピンという性質がなかったら、共有結合はできず、私たちのような生物も生まれませんでした。

ともかく電子は、逆向きスピンのペアになりたい。だからこそ、「雲の層」を満杯にして安定化させる電子の最大数は、2個、8個、18個、……と偶数なのです。不安定な孤立電子を意味するフランス語 *électron célibataire*（独身電子）は、血筋を絶やさないために結婚を重視したガリア（現フランス近辺の古代名）の風習にちなむのかもしれません。

金属結合

イオン結合と共有結合に続き、第3の結合があります。元素の約75％までを占め、さまざまな化学現象にからむ金属（鉄やアルミニウム、銅、銀、金など）がもつ結合です。たとえば鉄の板を想像しましょう。鉄の板は鉄原子の集まりに決まっていますが、原子どうしはイオン結合しているのか、それとも共有結合しているのでしょうか？ 少し考えれば、どちらでもないとわかります。

鉄をつくる原子はどれも同じだから、ちょうど半分が陽イオン、残る半分が陰イオンになるはずはありません。だからイオン結合ではない。また、すべての原子が共有結合しているなら、ダイヤモンドに似たガチガチの固体になるはずです。けれど金属は、たたけば広がるし（**展性**）、引っ張れば伸びる（**延性**）。また、当たった光をそのまま空間に返すので光沢があり、電子が動きやすいから電流を運びます。

金属の原子は**金属結合**をしているのです。言葉遊びではありません。金属の原子がつくる特別な結合のことで、その秘密は原子の性質にあります。ふつう金属の原子は、いちばん外の層に1個か2個しか電子をもっていません（典型が、ナトリウムやマグネシウムなど、周期表の左端2列に並ぶ元素）。その電子を出しやすいのです。

外の層にいる電子がみな原子から離れ、海のような姿になるとご想像ください。原子は陽イオンになりました。そんな陽イオンの集団が、電子の海にどっぷりと浸り、海のマイナス電荷と引き合って安定化する——というのが金属結合のイメージです。金属の板をたたけば、陽イオンの位置がずれ合います。ずれ合っても「海に浸っている」状況は変わらないため、位置が多少ずれてもかまわない（展性）。金属を引っ張ったときも、ある限度までは、引っ張る前と比べて安定性に変わりはないのです（延性）。

海をつくる電子たちは、特定の陽イオンに縛られているわけではありません。だから、電場がかかればサッと動く（電気伝導性）。また、光は「振動する電場」なので、金属に光が当たると、電子の海は光と同じ振動をする。振動する電荷は光を出すから、当たった光と同じ光が出てきます（金属光沢）。ふつう鏡は、ガラスに金属の薄い膜をつけてつくります。その鏡をのぞいた私たちが見るのは、電子の海が振動して生む光なのですね。

要するに金属は、いちばん外の層にある電子を出しやすい元素です。そんな原子Ｍが、陰イオンになりたがる原子Ｘと出合ったとき、何が起こるでしょうか？　Ｍが電子を出し、それをＸが受けとります。電子をやりとりした結果できるのは、Ｍの陽イオンとＸの陰イオンが引き合うイオン結合だというわけです。

Ｘになりやすいのは、周期表の右端に近く、いちばん外の層に電子1〜3個分の空きがある元素です（貴ガスを除く）。だからイオン結合は、左端に近い元素と、右端に近い元素からできやすく、その典型が塩化ナトリウムだといえます。

これで読者も、プロの化学者と同じく、ある元素が（あるいは元素の組が）どんな化合物をつくるのか、できた化合物がどういう性質をもつのかを、なんとなく予想できるようになったでしょう。元素や化合物の性質と周期表の関係も、見当がつきはじめたと思います。その背後にあるのは、電子を雲に見立てる視点と、周期表の上で雲の層のたたずまいがどう変わっていくのかという視点でした。

✦　✦　✦

以上が、物質の成り立ちを解き明かすコア原理だといえます。要するに、原子のつくりと、電子（電子雲）のふるまいです。次章では、化学反応を馬とみたとき「ニンジン」にも「荷車」にもなるエネルギーを眺めましょう。

［訳注］

＊1　巻末の周期表で水素Ｈが「宙ぶらりん」の位置にあるのは、原著者アトキンスの流儀。じつのところ、日本だと例外なく1族のトップ（Liの上）に置く水素は、17族（ハロゲン）のトップに置くべきという意見も強い（サイエンス・パレット００２『周期表』参照）。欧米には、Ｈを1族と17族の両方に置いた教科書もある。

＊2　陽子も中性子も、究極の粒子（素粒子）ではなく、クォークという素粒子からできている。陽子は「アップクォーク」２個と「ダウンクォーク」１個、中性子はアップクォーク1個とダウンクォーク2個からなり、「アップ」の電荷がプラス２／３、「ダウン」の電荷がマイナス１／３なので、陽子の電荷はプラス１、中性子の電荷はゼロになる。

＊3　原子番号の考えは、いまからほぼぴったり１００年前の１９１３年に、英国のヘンリー・モーズリー（１８８７〜１９１５）が確立した。彼は第一次世界大戦に従軍し、弱冠27歳で他界している。

＊4　同位体も含めれば、天然には安定な原子が約２８０種類ある。それを核内の陽子数（つまり元素）で分類すると約90種類になる。

＊5　水素だけは、同位体を別々の文字で表すことが多い。

＊6　物質名のカタカナ表記はドイツ語の発音に従う、と明治期に決まり、例外はほとんどない（ひとつだけ思いつく

のは、スウェーデン語読みの元素名「タングステン」)。ナトリウムも、英語読みならソウディァム(sodium)のところ、ドイツ語 Natrium の発音に従う。ドイツ語読み(メタン)と英語読み(ハイドレート)をつなげて「メタンハイドレート」という用語をつくった人は、言語感覚が貧しいのだろう(英語読みならメセインハイドレート。伝統どおりならメタンヒドラート。たぶんベストは「水和メタン」)。日本化学会が2003年に決めた110番元素のカタカナ名「ダームスタチウム」も、そもそもドイツの地名からきた元素名だし、現地読みに近い「ダルムスタチウム」のほうがよかっただろう。

＊7 電解の陽極(電池の「負極」)を表す **anode** は、**an-** にギリシャ語 ***hodos***(道)をつなげた用語で、「上流への道」を意味する(「アニオンを引きつける電極」と考えればよい)。同様に陰極(正極) cathode は「下流への道」=「カチオンを引きつける電極」。ただし、そのイメージにとらわれた人が書く中高校の理科教科書では、「アニオンが陽極に引かれ、カチオンが陰極に引かれて進むのが電解のしくみ」という非科学の説明が横行する。

＊8 ヘリウムやネオン、アルゴンなどの貴ガスは、孤立原子のまま存在する(だから「単原子分子」という)。なお、中高校の教科書に残る「希ガス」という用語は、発見時(1900年前後)の「見つけにくさ」を意味する歴史的な用語(いわば死語)にすぎない。IUPAC(国際純正・応用化学連合)の『化合物命名法』邦訳(2011年、東京化学同人)も正しい「貴ガス」になったので、「希ガス」はいずれ消えていくだろう。

＊9 大きな有機カチオンと小型〜中型の無機アニオンからできたイオン化合物には、正負イオンの引き合いが弱いため、常温で液体になる「イオン液体」がいくつもある。無機物も有機物もよく溶かし、粘性がほどほどに小さく、揮発しにくくて燃えにくいイオン液体は1970年代から注目を集め、化学合成や電解用の溶媒に使われ始めている。

第3章

化学の原理②——エネルギーとエントロピー

何が起きても、必ずエネルギーが出入りする。エネルギーの出入りは、化学反応とどんな関係にあるのか？　化学反応の進む向きは、エントロピーの増減が決める。そのエントロピーとは、いったいどんな量なのだろう？

熱力学第一法則

広大な「化学」という流域に2本の大河があるとすれば、1本は前章までに眺めた原子の河、そしてもう1本はエネルギー[*1]の河だといえます。結合の生成や切断がなぜ、どのように起こるのか、つまり化学反応がどんなふうに進むのかは、エネルギーの出入りを手がかりにしてつかめるからです。

エネルギーは、どんな燃料の効率がいいとか、食物（生体の燃料）が体内でどれほどの熱を出すかなど、暮らしと生命にも深くからみます。エネルギーを扱う分野が**熱力学**でした（第1章）。本章では、化学と熱力学のかかわりを考えましょう。

熱力学はまことに広くて深い分野なのですが、本書でむずかしい部分は扱いません。量子力学（第2章）と同じく、物質のふるまいや化学反応のあらましをつかむのに必要最低限のことだけを紹介します。

要点のひとつは、エネルギーがもつ二面性、つまり「量」と「質」の区別です。まず量については、「宇宙の全エネルギーは増えも減りもしない」という熱力学の**第一法則**があります。部分部分をみるとエネルギーは増えたり減ったりし、ときにはエネルギーの形も変わる[*2]。けれど、何が起ころうと総量は変わらないのです。つまり第一法則は、エネルギーの総量に枠をはめるルールだといえましょう。

熱力学第二法則

一方で**第二法則**は、「自然な変化（自発変化）が進めばエネルギーの質が落ちる」と表現できます。見晴らしをよくするために、**エントロピー**という量が考えられました。エントロピーはエネルギーの質を表し、エネルギーの質が悪いほどエントロピーが大きい。すると第二法則は、「自発変化は宇宙のエントロピーを増やす」となります。

なおエントロピーは、**乱雑さ**の尺度と考えてもよろしい。むろんその「乱雑さ」は、日常語の意味ではなく、きちんとした科学の意味をもつ量ですけれど。

第二法則は、化学反応を含めた自然な変化の向きを表します。つまり化学反応も、宇宙のエントロピーが増す（エネルギーの質が落ちる）向きに進むのです。乱雑になるわけだから、「ものごとは悪くなる」ともいえます。

いったんまとめましょう。熱力学は、変化の進みかたを教える。第一法則は「全エネルギーが一定の変化」だけを許し、第二法則は「全エントロピーが増える変化」だけを許す。そんなふうに「許される」ものだけが、自発変化だというわけです。

反応を進める要因

化学反応は、むろん原子どうしが結合を組み替えるから進みます。結合の組み替えが起こる理由は通常、「組み替えればエネルギーが減るから」と説明するのですが、そのまま受けとってはいけません。一見わかりやすく、経験にも合いそうな説明だけれど、うるさくいえば完璧に誤っているのです。

なぜ誤りなのか？　熱力学の第一法則（**エネルギー保存則**）に反するからです。正しくは、第二法則も合わせて、次のようにいわなければいけない。たとえば、ある結合ができたとき、エネルギーが外に出てくるとしましょう。そのエネルギーは広がっていき、使いにくい（質の悪い）ものになります。そのとき宇宙のエントロピーが増えるため、結合の生成は自発変化になるのです。

経験にも合いそうな「エネルギーの低下」だけに注目してよいのは、多くの反応だと、出たエネルギーが周囲（たとえば、ビーカーを囲む空気）のエントロピーを大きく増やす結果、宇宙の全エントロピーも増えるからです。化学の教師や研究者は（むろん私も）、たいていの反応で「エネルギーの低下」が「全エントロピーの増加」につながると知っているから、「エネルギーの低下」だけですまそうとします。

そのため私自身、「エネルギーの低下」だけで反応の向きを説明するとき、「うまく伝わればいいが……」と祈っているのです。「それでも地球は動く」とつぶやいたガリレオに似て、「ほんとうはエネルギーの低下ではなく、エントロピーの増加なんだけど……」と、心の中でつぶやきながら。

つまり、「原子がつながり合うのは、エネルギーが減るから」と説明するときも、「ある2元素が電子をまるごと授受してイオン結合するか、それとも電子を供出し合って共有結合するかは、エネルギーの低下量（放出量）で決まる」と説明するときも、ガリレオと同様、心中ひそかに「わかってください……」と祈っているのです。

原子価

そんなふうに祈りつつ、以下では「エネルギーの増減」だけを手がかりに、出来事が「そうなるわけ」を考えます。

元素の**原子価**（原子がつくれる結合の数）はどうでしょう。元素の個性と、他元素との血縁関係を表す原子価も、元素が周期表のどこにあるかでわかります。たとえば酸素Oの原子は、いちばん外の層に電子2個分の空きがあるため、H原子2個の電子を受け入れてH_2O（つながりはH－O－H）をつくるのでした（第2章）。つまり酸素の原子価は2になります。

なぜ3個目のH原子とは結合しないのでしょう？　3本目の結合に動員できる電子は、核からずっと遠く、ずっとエネルギーの高い層に入らなければいけない。入れば不安定になるのです。反対に、結合を1本だけつくっても、結合2本のときより不安定になる。要するにエネルギー収支の面で、酸素の原子価は2になるのです。

また、やはり第2章で見たとおり、酸素Oが炭素Cと結合した二酸化炭素CO_2（O＝C＝O）でも、酸素の原子価は2です。かたや炭素の原子価は、メタンCH_4のCと同じく、CO_2でも4になります。

つまり元素の原子価は、炭素が4、窒素が3、次の酸素が2……と、周期表上の位置を見ればわかるのですね。それぞれの真下にある元素も同じになって、ケイ素（シリコン）は4、リンは3、硫黄は2……といった調子です。

要するに、ある元素の性質も、周期表の上で左右や上下に並ぶ元素との血縁関係も、原子のつくり（雲の層を満杯にする電子の数）と、エネルギーが最低になる条件から決まるとみてよいのです。

エンタルピー

天然ガスやガソリンを燃やすと、大量の熱（エネルギー）が出てきますね。そんなふうに、たいていの化学反応はエネルギーを放出します。ただし燃焼は、「新しく結合ができるからエネルギーが出る」現象ではありません。燃える物質（メタンやオクタン）が、もともと原子どうしの結合をもっているからです。

化学反応のうち、燃焼に注目しましょう。燃焼では、どこかの結合が切れ、新しい結合ができます。出てくるエネルギーは、結合ができるときの放出分から、結合が切れるときの消費分を引いた値です。たとえばメタンの燃焼（酸素 O_2 との反応）では、まずエネルギーを使って、4本のC－H結合と1本のO＝O結合を切る。次に、バラバラの原子から水分子のH－O結合ができるとき、大量のエネルギーが出てきます。[*3]

燃焼の場合、放出エネルギーが消費エネルギーよりも大きいから、熱の形でエネルギーが出てくるのです。かりに消費エネルギーのほうが大きいなら、「メタンを燃やせばどんどん冷える」ことになってしまいますね。

化学では、熱力学をもとにエネルギーの出入りを追いかけ、反応のエネルギー変化を確かめます。圧力と温度を一定とみて化学反応を考えたとき、熱の形で出入りするエネルギーを**エンタルピー**の変化といいます。語源（訳注1）が、エンタルピーの性格をよく物語っていましょう。「エンタルピー」と「エネルギー」はくっきり区別できる量なのですが、本書の範囲ならエンタルピーは、「結合の中にひそみ、反応のとき熱の出入りとして現れるエネルギー」とみてかまいません。

発熱反応と吸熱反応

熱の形でエネルギーが出る（エンタルピーの蓄えが減る）反応が**発熱反応**です。燃焼はどれも発熱反応だから、たとえばメタンが燃えると、「メタン＋酸素」のエンタルピーが「二酸化炭素＋水」の値にまで減り、差額分が熱として外に出てきます。

燃料を燃やすときは、同じ重さあたりなるべく多くの熱を手に入れたい。つまり燃焼効率の高いものがほしい。燃焼効率は、燃焼のエンタルピー変化からわかります。化学反応のエンタルピー変化を調べる分野が**熱化学**です。熱化学は、食品や燃料の理解に役立ち、熱力学のこまかい議論に使うデータの収集にも役立ってきました。

たいていの化学反応は、出発物質（反応物）よりエンタルピーの少ない生成物ができる発熱反応です。つまり反応は、エンタルピーが減る向きに進む。だから、先ほどの（祈りをこめた）経験則「エネルギーが減る向きに進む」と同様、「エンタルピーが減る向きに進む」という説明は、わかりやすいわけですね。

けれど、ひとつ謎があります。エンタルピーが「増す」向きに進む反応もあるのです。外から熱を吸収し、エンタルピーの蓄えを増やす**吸熱反応**です。吸熱反応はあまり多くないのですが、ともかく「ある」という事実が、19世紀の化学者を悩ませました。[*4] エンタルピーの「坂を上る」反応は、いったいどうやって進むのか……と。

吸熱反応が進むわけ

エントロピーの考えは1865年、ドイツの物理学者ルドルフ・クラウジウス（1822〜88）が発表しました。それまでの科学者には、「反応は低エネルギーを目指す」が常識でした。いま私たちは、「反応は全エントロピーが増える向きに進む」と知っています。発熱反応も吸熱反応も、全エントロピーが増すから進むのです。その背景を探るため、まず、エントロピーが「エネルギーの質」を表す量だったことを思い出しましょう。

フラスコの中で反応が進むとします。反応で出た熱（エネルギー）がフラスコ外に散らばれば、フラスコ外のエントロピーは増えますね。むろん、フラスコ内のエントロピー変化も考える必要はありますが、出る熱が大量なら、エントロピーは正味で増えるはず。そんな反応が多いので、発熱反応が進むのは自然なことでした。

かたや吸熱反応はどうか？ フラスコ外から熱（エネルギー）が入ってくる反応です。エネルギーは、広いフラスコ外からせまいフラスコ内に集中するため、質が上がる（使いやすくなる）ことになりますね。つまりエントロピーが減る。そこまでなら、第二法則に反するので反応は進みません。

けれど、入ってきた熱は、フラスコ内のエントロピー（乱雑さ）を増やします。フラスコ内のエントロピー増加が十分に大きく、エネルギーの高質化（エントロピー減少）に打ち勝つなら、宇宙の全エントロピーは増えるでしょう。そういう状況のとき、吸熱反応も自然に進むことになるのです。[*5]

19世紀中期までの人々は、反応は（ニュートンのリンゴと同じく）エンタルピーが減る向きにだけ進むと考え、袋小路に入りました。いまや、全エントロピーが増す向きに進むとわかっています。なにごとも、正味で乱雑さが増す（悪化する）ほうへ向かう。フラスコ内のエンタルピーが減り、同時にエントロピーが増す反応は多いのですが、フラスコ内のエンタルピーが増す吸熱反応も、全エントロピーが増えるなら、自然に進むのです。

ニュートンのリンゴと同じく、「下向き」を自然な向きと思ってもかまいません。ただしそのとき下向きになるのは、エネルギーの量ではなく「質」なのです。

反応の速さ

こうして、反応が自然に進む向きは、エネルギーの質が落ち、宇宙のエントロピーが増す向きだとわかりました。関連で浮かぶ問いを二つ考えましょう。ひとつは反応が進む速さ、もうひとつは、反応がどんなふうに進むかです。最初の問いにはこれから答え、二つ目は第4章で眺めます。

反応がどんな速さで進むかは、たいへん大きな問題です。ある反応が進むとわかっていても、生成物が1ミリグラムできるのに1000年もかかるようなら、ほとんど役に立たないからですね。反応の速さは、**反応速度論**という理論で扱います。反応の速さは、爆発のようにほぼ一瞬で終わるものから、金属の腐食のように何年も何十年もかかるものまで、ものすごく広い範囲に及びます。

反応の速さは、時間とともに増える生成物の量を測ればわかります。そんな測定をする理由は、おもに三つ。第一に、ある物質の濃度が、ある瞬間にどんな値なのかを知りたい。第二に、実用上、ちょうどいい速さで生成物ができる条件をつかみたい。

そして第三に、**反応機構**（反応のしくみ）を知りたい。反応機構とは、原子・分子のレベルで、反応物が生成物になっていく道筋のことです。高級な実験だと、ある分子を真空中に飛ばし、別の分子を飛ばしてぶつけ、どんな分子ができてくるかを調べたりします。

とはいえ本書では、反応の速さとエネルギーの関係に話を絞りましょう。ある反応は自然に進む。でも、一瞬で進むわけではありません。その問題は、とりわけ生命を考えるときに大事です。生命の本質は、決まった量の物質を、決まった量だけゆっくりつくるところにあります。生体内の化学反応が一瞬で進むなら、生物組織はたちまち酸素と反応し、グチャグチャのかたまりになってしまうのですから。

活性化エネルギー

たいていの反応には、一瞬で進まないようにする壁（バリアー）があります。反応の速さと温度の関係をじっくり調べた結果、分子がある最低エネルギーを得たときに初めて、結合の組み替えが始まり、生成物になっていくとわかりました。その最低エネルギーを**活性化エネルギー**といいます。

活性化エネルギーのイメージは、気体分子の反応を思い浮かべるとわかってきます。1気圧の気体中なら、ある分子は、1秒間に数十億回くらい仲間とぶつかり合っている。ぶつかる分子がもつエネルギーはさまざまです。十分に速い分子がぶつかり合い、衝撃が大きいときにだけ、原子どうしの結合がゆるみ、やがて切れ、新しい結合ができていく。温度を上げると、分子の平均速さが増え、活性化エネルギー以上のエネルギーをもつ分子の割合が増す結果、反応が速くなるのです。

活性化エネルギーがものすごく大きいと、反応は始まりません。一例が、水素と酸素の反応（水素の燃焼）です。常温なら、分子どうしがぶつかっても、活性化エネルギーの山を越せず、いくら時間がたっても変化しない。けれど、温度を上げるか、火花を飛ばすかすれば、十分なエネルギーをもつ分子ができて反応が始まる。発熱反応だから、いったん始まると、出る熱が水素と酸素を次々と反応させ、連鎖反応の形で反応が進むのです[*6]。

溶液中の反応にも、活性化エネルギーの大きいものがあります。とりわけ、生物体内の反応がそうです。溶液中の分子たちも、温度が決める速さ（常温なら1秒間に数百メートル）でぶつかり合うのですが、ぶつかったときの衝撃で活性化エネルギーの山を越えないかぎり、何も起こりません。むろん、活性化エネルギーの山を越える反応もたくさんあるからこそ、体の機能も保たれるのですけれど。

分子がぶつかり合ったときの衝撃は高温ほど大きいため、溶液中の反応も、温度が高いほど速くなります。たとえば1分間にホタルが光る回数も、肌寒い夜より暖かい夜のほうが多い。

台所で食材を火にかけるのも、反応を速めたいからですね。

触媒と酵素

自分は変化せずに反応を速めるのが**触媒**です。触媒という漢語は、仲人を意味する「媒」が性格をよく表しています。触媒は、結合の切断・生成が進みやすい場、つまり活性化エネルギーが小さくなる場を用意します。[*7] 活性化エネルギーが小さくなれば、結合の組み替えが起きやすくなる結果、室温でも反応がサッと進むのです。

化学産業では、ほしい物質を短時間で効率よくつくりたい。そのためのすぐれた触媒がみつかるかどうかで、反応の首尾が決まります。ただし反応には個性があり、最適な触媒はそれぞれちがうため、「万能触媒」のようなものはありません。また、どんな反応にも触媒が見つかるわけでもないため、自然まかせの速さでよしとするしかない反応もあります。

生き物の機能にとっても、大切なのは触媒です。触媒になるタンパク質を**酵素**といいます（英語 **enzyme** は、酵母を意味するギリシャ語 ***zyme*** から）。体の中でたえず進む数千種類の化学反応には、それぞれ専用の酵素があると思ってよろしい。つまり生命の本質は、触媒にあるといっても過言ではありません。

動的平衡

あるところまで進むと、止まったように見える反応もあります。それが**化学平衡**です。原料がほとんど残らない反応も多いのですが、原料がまだ残っているのに、止まってしまう反応もある。化学平衡とは、どんな状態なのでしょう?

たとえば、窒素 N_2 と水素 H_2 からアンモニア NH_3 をつくる**ハーバー-ボッシュ法**を考えましょう。できるアンモニアは、窒素肥料の製造など幅広い産業につながるため、たいへん大事な反応です。その反応は、窒素と水素の一部がアンモニアになると止まります。いくら待っても、どれほど触媒を追加しても進まない。つまり平衡に達したのです。

反応の停止は、見かけのことにすぎません。もし原子まで見えたとすれば、化学平衡にある物質たちは、めまぐるしく変わり続けています。反応物が生成物になるのと同じ速さで、生成物が反応物に戻っている。つまり化学平衡は、前向き反応と逆向き反応の速さが、ちょうどつり合った**動的平衡**をいうのです。

アンモニア合成の平衡状態でも、アンモニアはたえず生まれているのに、同じ速さで窒素と水素に分解しているから、見た目の変化はありません。

原子・分子レベルでみた化学平衡は、変化が止まったのではなく「つり合った」状態だからこそ、温度や濃度、圧力などが変わると、平衡のありさまは、そうしたストレスを和らげる向きに動くのです。*8

私たちの体内も、動的平衡にあります。たとえば、暑くなれば汗を出して体を冷やすしくみが働く。そうやって環境の変化に応じるから、命が保てるのですね。生き物に備わった**ホメオスタシス**（恒常性維持）という絶妙なしくみも、環境の変化に応じた「平衡移動」の表れだといえます。

アンモニア合成反応も、動的平衡になるからこそ、うまく手を加えれば、アンモニアの収量が上がります。そのことを、20世紀の初めにドイツの化学者フリッツ・ハーバー（1868〜1934）と技術者カール・ボッシュ（1874〜1940）が見抜き、反応の条件を工夫しました。ぴったりの触媒を選び、適切な温度と圧力にしたら、アンモニア生成の化学平衡が望みどおりの姿になったのです。世界の食糧増産につながる画期的な発明で、化学分野にかぎれば20世紀最高の発明といってさしつかえありません（第6章参照）。

ニンジンと荷車

化学反応が馬なら、エネルギーは「ニンジン」にも「荷車」にもなる、と前章の終わりに書きました。その意味がおわかりいただけたと思います。エネルギーは（正確にいうと、エネルギーの劣化は）、化学反応（馬）を前に進めるニンジンです。かたやエネルギーは、活性化エネルギーの姿をとるとき、原子間の結合を切らせまいとする荷車にもなって、ニンジンめがけて進みたがる馬を抑えるわけですね。

本章では、化学反応そのものを原子レベルでみればどうなるかは、ほとんど紹介していません。化学反応のしくみをつかみ、共通の原理を見つけ、活用して、あわよくば画期的な、そして魔法のような反応を使ってものづくりをするのが、化学の心臓部です。そんな化学反応の世界を次章で眺めましょう。

［訳注］

＊1 エネルギー（energy）という用語は、ギリシャ語の *ergon*（仕事）に「中へ」を意味する接頭語 en- をつけたもので、「仕事をする潜在能力」をいう［スイスの物理学者ダニエル・ベルヌーイ（1700～82）が17歳だった1717年に提案］。また、エンタルピー（enthalpy）は en- ＋ *thalpein*（熱）で「熱を出す潜在能力」、エントロピー（entropy）は en- ＋ *tropos*（変化）で「変化を起こす潜在能力」を意味する。

＊2 たとえば家庭の電力は、太陽内部の核融合（核エネルギー）→太陽光（光エネルギー）→光合成産物（化学エネルギー）→燃焼（熱エネルギー）→タービンの回転（力学エネルギー）→電気エネルギーという流れから生まれる。

＊3 燃焼はラジカル反応（第4章）を含む複雑なルートで進むが、出入りする熱（エネルギー）の量に注目するときは、本文のように単純なルートを考えてもよい（エンタルピーが、「出発点と終点を決めれば途中のルートに関係なく変化量が決まる状態量」だから）。

＊4 彼らが「悩む」前は、「反応が進むのは発熱の向きだけ」と思われていたため、熱の出入りを精密に測った人が多い。そのひとり、スイスのアンリ・ヘス（1802～50）が1840年、「出入りする熱は反応経路に関係しない」と確かめた（ヘスの法則）。いまの表現「エンタルピーは状態量」につながった画期的な発見だといえよう。

＊5 注目する系（フラスコ内など）と系外（外界）のエントロピー変化を個別に調べ、合計のエントロピー変化を計算するという二段構えではなく、何かひとつの量で全エントロピー変化を表せれば都合がよい。そんな量（ギブズエネルギー）を1876年に米国の化学者ウィラード・ギブズ（1839～1903）が提案し、化学熱力学の分野を刷新した。

＊6 常温で「ダイヤモンド→黒鉛（グラファイト）」は自発変化だから、「変化の向き」だけを考えると、純粋なダ

イヤモンドは存在できない。しかし活性化エネルギーが途方もなく大きくて、皮切りの変化が起きないため、ダイヤモンドはいつまでも存在できる。

＊7　反応物も触媒も、原子レベルでイメージするとよい。たとえば燃料電池で白金 Pt（触媒）が水素 H_2 の酸化を進めるとき、H_2 分子の H 原子それぞれは、表面にある別々の Pt 原子にとりつく（吸着する）。Pt－Pt 間は H－H 間よりずっと長いため、H－H 間が大きく引き伸ばされ（ほぼ結合が切れた状態）、以後の反応が進みやすくなる。生体内の触媒（酵素）も、特定の結合を引き伸ばして切れやすくする。

＊8　平衡移動の原理。1884年にフランスの化学者アンリ・ルシャトリエ（1850～1936）が発表したため、ルシャトリエの法則（または原理）ともいう。

第4章 化学反応

化学の本質は化学反応にある。化学反応では、分子やイオンがぶつかり合ううち、原子たちの結びつく相手が変わる。どんなふうに変わるかで、化学反応は四つに大別できる。化学者は四つを巧みに組み合わせ、精妙きわまりない構造の化合物を次々とつくってきた。

化学といえば、**化学反応**のことを思い浮かべる人が多いでしょう。パッと燃えたり爆発したり、色が変わったり、いやなにおいがしてきたりする現象です。化学工場で化学反応が起きていることや、ものが燃えるのも化学反応だということ、プラスチックやペンキや医薬も化学反応を使ってつくることは、ご存じですね。

食品の調理でも化学反応が進むと知っている読者もいるでしょう。また、人体も「手のこんだ試験管」のようなもので、生命活動が「整然と進む化学反応の集合」にすぎないことを——少なくともおぼろげには——ご存じの読者もいると思います。

化学反応とは？

その化学反応（反応）とは何なのか？ 溶液をかき混ぜたり沸騰させたりするとき、二つの溶液を混ぜ合わせるとき……、要するに化学者が実験室でなにやら秘密めいた作業をするとき、いったい何が起きているのでしょう？

原子たちが、結びつく相手を変えているのです。反応の原料（**反応物**）は、決まったやりかたで原子がつながり合ったもの。できる物質（**生成物**）は、原子の顔ぶれは反応物とまったく同じでも、つながりかたがちがう。フラスコを振ったり、液体をかき混ぜたり沸騰させたりすると、原子のつながりかたが変わります。つまり、まったく同じ顔ぶれの原子集団から、ちがう化合物をこしらえるのです。

火をつけたとたん進む燃焼や爆発のように、反応物の原子がたちまち結合を組み替え、一瞬で生成物になる反応もあります。かたや、結合の組み替えがすぐには起きない反応、つまり人間があれこれ工夫して進ませる反応もある。とりわけ、ほんの少し構造がちがうだけで効き目が大きく変わってしまう薬剤の分子をつくるには、手順をじっくり考えて反応を慎重に進め、そのうえ運にも恵まれるのが肝心です。

首尾よく反応を起こしたあとは、生成物を分けとり、望みの化合物ができたかどうか確かめるため、化学の研究室ではさまざまな道具や機器を使います。平凡な試験管やフラスコ、ビーカー、シェーカー（振盪《しんとう》器）、スターラー（撹拌《かくはん》器）などのほか、いまや高価な先端機器も目白押しです。一部を次章で紹介しましょう。

さて化学反応のタイプは、原子レベルで見ると、たった四つしかありません。びっくりするほど種類の多い天然物も合成物質も、わずかな種類の元素たちが、たった四つのやりかたで原子のつながりを変えるからできるのです。つまり驚異の物質世界は、どれも四つのやりかたで生まれました。まずそのことを心に置いてください。

以下、四つのタイプを順にご説明します。いくつかがからみ合う結果、見た目は四つの範囲外に思える反応もありますが、成り行きをよく調べてみると、四つのどれかに分類できるのです。

① 酸塩基反応

原子をつくる成分のひとつが、プラス電荷の**陽子**（**プロトン**）でした。前にも書いたとおり、原子がドーム球場なら、フィールドの中心にある直径2ミリほどの砂粒が陽子です（20ページ）。じつのところ化学者は、物理学者が存在をつかむずっと前から陽子に出合っていたのですけれど、陽子だとは気づきませんでした。

水素原子を含む分子（やイオン）があるとしましょう。核の電荷が＋1しかない水素原子は、分子内で隣の原子と引き合う力があまり強くはない。おまけに質量が小さいから、フットワークが軽い。そのため、自分の核（つまり陽子）を迎え入れる分子が近くにあれば、喜んでその分子にもぐりこむのです。そんなふうに、ある分子から別の分子へ陽子が移ると、四大反応のひとつになります。

おなじみの言いかたをすれば、**酸**と**アルカリ**の世界です。酸は錬金術師たちも知っていましたが、「陽子の形で外に出やすい水素原子」をもつ化合物が酸だとわかるのは、ずっとあとのことでした。

酸（acid）という言葉は、1620年ごろに、「酸っぱい」を表すラテン語 *acidus* からできました。つまり、舌を刺すような酸味をもつ物質です。おそるおそる酸をなめた昔の化学者たちは、舌を刺激するのが陽子だと気づいたはずはありません。いま酸は、酢やソーダ水、コーラなどの快い味を生んでくれますね。

ようやく1923年になって、デンマークの化学者ヨハネス・ブレンステッド（1879～

1947）と英国の化学者トマス・ローリー（1874〜1936）が、たまたま同時に、酸の素顔を突き止めました。酸とは、ほかの分子やイオンに（陽子の形で）移れる水素原子をもつ分子やイオンだったのです。

ただし、水素原子をもつ分子なら、どれも酸だというわけではありません。分子内の電子雲に陽子が深々と埋まっている分子は酸にならない。水素原子の電子雲をはぎとりやすい原子が近くにあって、陽子が脱出しやすい分子だけが酸になります。

身近な例が、酢に入っている酢酸です。塩酸（HCl）や硫酸（H_2SO_4）のように、化学式がHで始まる化合物はたいてい、陽子を離しやすい酸だと思ってまちがいありません（それなら水 H_2O はどうなのか？ いずれわかります）。

ここから先は、化学の伝統にならい、陽子（プロトン）を**水素イオン**（化学式 H^+）とよぶことにしましょう。

片手で拍手はできません。水素イオンを出すもの（酸）があれば、必ず受けとるものもあるはずです。水素イオンを受けとるのは、陽子がもぐりこみやすい電子雲をもつ化合物で、そんな化合物をアルカリといいます（alkali の語源は、灰を意味するアラビア語 *al qaly*。灰がアルカリを含むからです）。

アルカリにさわると、指先がぬるぬるしますね。アルカリが**加水分解**という反応を進め、脂肪を石鹸の分子に変えるからです（極端な言いかたをすれば、アルカリに触れた指の脂肪分が石鹸になる）。むろん、アルカリの検出にはもっと安全なやりかたがあるけれど、ともかくアルカリの性質を生むのは**水酸化物イオン**（化学式 OH^-）です。水酸化物イオンが陽子に出合うと、自分の電子雲に陽子を埋めこみ、水分子 H_2O になります。

ここで用語のことを指摘しておきましょう。水素イオンを受けとるものを一般に**塩基**とよびます。すると OH^- は塩基ですね。また、水に溶けて塩基の性質（赤いリトマス紙を青くするなど）を示すものを「アルカリ」とよびます。だから、水に溶けて Na^+ と OH^- に分かれる水酸化ナトリウム NaOH はアルカリですが、塩基そのものではありません。[*1]

塩基の意味はアルカリより広く、水に溶けない分子やイオンも含むため、以下では「塩基」を使うことにします。

では、塩基の「基」とは何でしょう？ 塩酸と水酸化ナトリウム水溶液を混ぜたら、NaOH の出した OH^- が塩酸の H^+ と結びついて水 H_2O になり、食塩（塩化ナトリウム）の水溶液ができますね。同様に、硫酸と水酸化ナトリウム水溶液からは、水と硫酸ナトリウム Na_2SO_4 ができる。共通の OH^- を土台（基礎）にして、塩化ナトリウムや硫酸ナトリウムなど、同類の化合物ができるため、そうした化合物の base（基礎）つまり塩基とよぶわけです。

塩基の「**塩**《えん》」は、塩化ナトリウムや硫酸ナトリウムなど、酸と塩基が反応してできる**イオン**

化合物の総称です。英語では、いちばん身近な食塩（塩化ナトリウム）も、一般の塩も、salt とよびます。[*2] そんなふうに化学では、ある化合物の名前を、同類化合物すべての呼び名に使うことが多いのです。

酸と塩基の反応が**酸塩基反応**です。酸から塩基に水素イオン H^+ が移り、そのとき酸の性質も塩基の性質も弱まる（お互いを中和する）ため、**中和反応**ともいいます。高校の化学実験で、**中和滴定**をやった読者も多いでしょう。

酸塩基反応の種類はたいへん多く、トウモロコシやカシの木、ハエ、カエル、ヒトなど生物の体内で進む反応にも、酸塩基反応がたくさんあります（中和を強調しないときの呼び名は、**水素イオン移動**や**プロトン移動**）。とりわけ大事なのは、酸や塩基が触媒の役目をして進む反応です。

酸や塩基が触媒の役目をする反応（**酸塩基触媒反応**）のうち、水素イオンが促す反応を考えましょう。水素イオンは、プラス電荷をもっています。ある分子（やイオン）に近づいた水素イオンは、分子のうちで、特定の場所にある電子雲を引き寄せる。すると、そばの原子がもつ電子雲が薄くなる。そこに、「電子雲の薄さ」を好む別の原子が近づけば、新しい結合ができやすくなるでしょう。

つまり水素イオンは、特定の分子に「反応の準備」をさせるのです。準備ができたら酵素の出番となり、しかるべき反応を進めて生命に必要な分子をつくる。役目を終えた水素イオンは分子から離れ、また別の分子にとりついていく。つまり水素イオンは、自分は変わらずに反応を助ける触媒の働きができるのです。

化学式の冒頭がH原子の物質は酸だけれど、水 H_2O はどうなのか……と先ほど書きました。酸なら、飲み水は純粋な酸ですね。じつのところ水は、純粋な酸でも塩基でもあるのです。不安がる人もいそうですから、少し説明しておきましょう。

読者の体がうんと縮んで、コップに入れた1個の水分子になったとご想像ください。たくさんの仲間たちと押し合いへし合いを続ける状況です。体についている水素原子の1個が、水素イオンの形で体から離れ、隣の仲間にくっついたとします。そのとき読者は酸の働きをしました。隣の仲間は、水素イオンを受けとったから塩基です。水素イオン移動の結果、読者の体は水酸化物イオン OH^- に変わり、隣の仲間は H_3O^+ になりました。H_3O^+ を**ヒドロニウムイオン**とよびます。[*3]

水素イオンは、手のひらに乗せた熱々のジャガイモのように、たちまち「隣の隣」の仲間に渡されます。同様に、マイナス電荷の OH^-（いまの読者）は、隣の仲間から水素イオンをもぎとって H_2O に戻る。コップの中ではそんな「大嵐」が吹き荒れ、$OH^- \leftrightarrow H_2O \leftrightarrow H_3O^+$ の変身がいつも進んでいるのです。[*4]

純水中なら、H_3O^+やOH^-の量はたいへん少ないため、コップの水を眺めたとき見ているのは、ほぼ全部がH_2O分子です。変身を続けるH_2O分子およそ6億個のうち、平均して1個が、H_3O^+とOH^-に分かれているだけ。とはいえ、どのH_2O分子も、水素イオンを出すから酸、水素イオンを受け入れるから塩基だといえます。先ほど、水は「純粋な酸でもあり、純粋な塩基でもある」と書いたのは、そういうわけです。

② 酸化還元反応

電子は、1897年に英国の物理学者ジョゼフ・ジョン・トムソン（1856〜1940）が見つけました。[*5] じつのところ化学者たちは何十年も前から、そうとは知らずに電子と出合っています。たとえば1833年ごろにファラデー（30ページ）が調べ、以後めざましい分野を拓いた**電解**[*6]は、物質が電子をやりとりする現象なのですが、当時は誰ひとりそれを見抜けませんでした。

四大反応の2番手は、電子が主役になる反応です。ある分子（やイオン）から別の分子に電子が移るため、**電子移動**ともいいます。電子移動が起こす反応は広がりが大きく、たとえば社会のインフラに欠かせない製鉄も、電子移動の産物です。反対に、鉄製品がさびてダメになるのも、電子移動のせいなのですが。

電子移動を、まず**酸化**の面から眺めましょう。酸化という言葉はもともと、文字どおり「酸素と結びつくこと」でした。鉄などのさび（腐食）が、まさにそうです。けれど、たとえば塩《しお》（日常語）から塩《えん》（学術用語）ができたのと同様（66ページ）、日常の出来事から出発した酸化も、視界の広い用語になったのです。

やさしい例を考えましょう。マグネシウム（Mg）に点火すると、まばゆい光を出して燃えますね（花火の白色光に利用）。そのときマグネシウムは、酸素と結合して酸化マグネシウム MgO になります（本来の「酸化」）。MgO は、陽イオン Mg^{2+} と陰イオン O^{2-} がぎっしり集まった固体です。発熱反応だから熱（と光）が出るわけですが、注目点はそこではありません。マグネシウム原子が2個の電子を失い、Mg^{2+} になるところです。

実物を見た人は少ないかもしれませんが、塩素ガスの中でもマグネシウムは燃え、塩化マグネシウムになります。塩化マグネシウムの成分は Mg^{2+} と Cl^- です。そのときもマグネシウム原子は、2個の電子を失って Mg^{2+} になっていますね。酸素は関係しなくても、マグネシウム原子が電子を失うところは同じでしょう。

そこで塩素との反応も、マグネシウムの（広い意味の）酸化とみます。つまり酸化とは、原子が電子を失うことです。炭化水素などの有機物を燃やしたときは、電子を失ったかどうか見抜くのはむずかしいのですが、原子の電子配置をじっくり調べると、やはり電子を失っているとわかります。そんなふうに、化合物中の原子が電子を失うとき、酸素が関係していてもいなくても、その化合物は酸化されたというのです。

酸塩基反応を考えたとき、「片手で拍手はできない」と言いました。水素イオンを出すもの（酸）があれば当然、水素イオンを受けとるもの（塩基）がある。電子移動の場合も、片手で拍手はできません。何かが酸化されて出る電子は、別の何かが受けとらなければいけない。電子を受けとることが**還元**です。

もともと還元は、鉱石から金属をとり出すことでした。鉱石を、元（の金属）に還すからです。産業革命を進める原動力だった**溶鉱炉**の中では、炭素や一酸化炭素が鉄鉱石（酸化鉄）を還元します。ドロドロに融けた鉄（元素記号 Fe はラテン語 *ferrum* 由来）を炉の下部からとり出し、加工してさまざまな鋼をつくるのです。

酸化鉄は陽イオン Fe^{3+} と陰イオン O^{2-} からできた固体で、金属の鉄は Fe 原子からできています。すると、鉱石の還元で起こることは明らかでしょう。電子が Fe^{3+} に移り、プラス電荷を中和して Fe 原子にするのです。

つまり還元は、原子が電子をもらうことです。鉱石から金属をとり出す反応でなくても、電子をもらえば還元とよぶ。空気でマグネシウムが燃えたとき酸素分子 O_2 は、マグネシウム原子が出した電子をもらってO^{2-}になるため、酸素は還元されています。塩素中でマグネシウムが燃えたときは、塩素分子Cl_2が電子をもらって陰イオンCl^-になるから、塩素は還元されている。ともかく、ある原子が電子を出せば、それを別の原子が必ず受けとる（還元される）わけですね。

これで電子移動も「拍手」ができます。酸化（電子の放出）と還元（電子の受容）はセットで進むため、「両手」を合わせた**酸化還元反応**です。なお英語圏では、**reduction**（還元）と**oxidation**（酸化）をくっつけて**レドックス**（redox）**反応**とよぶことがあります（ただし当面、酸塩基反応 acid-base reaction を「basid 反応」とよぼうという声はありませんが）。

世の中は酸化還元反応で動く、といっても過言ではありません。なにしろ、鉄や銅、亜鉛、チタンなど、社会インフラに欠かせない金属を生む反応です（金属を腐食させる反応でもありますが）。自動車も、エンジン内で炭化水素と酸素が酸化還元反応をするから走ります。

溶液中や空気中で酸化還元反応が進めば、熱や光が出るだけです。けれど、酸化と還元が別々の場所で進むように工夫すれば、**電池**ができます。まず、酸化が進む部屋と還元が進む部屋を分け、それぞれに電極を浸しておく。酸化反応で出る電子は、電極に移って電線を通ったあと、別の電極で何かを還元する。そのとき、電線（回路）につないだ電球やモーターで電気仕事をとり出せるわけです。

もはや生活必需品になったラップトップPCやタブレット端末、スマートフォン、ハイブリッド車に使う**蓄電池**（**二次電池**）の充電・放電も、酸化還元反応のかたちで進みます。酸化や還元を受ける化合物はいろいろですが、発明から150年ほどたつ重い鉛蓄電池も、実用化からまだ20年の軽いリチウムイオン電池も、原理はまったく同じです。

電極2本に電圧をかけ（電気エネルギーをつぎこみ）、ひとりでには進まない酸化還元反応を起こせば、役に立つ物質や材料がつくれます。先ほど触れた電解ですね。たとえばアルミニウムは、高温で融かした酸化アルミニウム（Al^{3+}とO^{2-}からなる**溶融塩**）に電圧をかけ、Al^{3+}を還元してつくります（溶融塩電解）[*7]。銅の精錬にも、金属表面のきれいなめっきにも、電解を利用してきました。

酸化還元反応（電子移動）と酸塩基反応（水素イオン移動）には、ひとつ決定的なちがいがあります。水中の酸塩基反応なら、水素イオンは（**ヒドロニウムイオン**の姿で）動けました。かたや酸化還元反応の場合、ふつうの状況だと、電子は化合物の中にしっかりと「埋まって」いるため、分子から分子への「飛び移り」はできません[*8]。反応（物質の変化）が進むときは、結合の中に埋まっている電子が、ほかの物質に移りますね。そのとき電子は、原子や原子集団を引きずって動くのです。

おなじみの燃焼も、そんなふうに考えましょう。たとえば炭化水素が燃える（酸化される）

とき、電子は炭素・酸素・水素などの原子を引きずって動きます。その結果、炭化水素分子と酸素分子の間で結合の組み替えが起き、CO_2 分子と H_2O 分子ができるのです。一般の有機化学反応にも酸化還元反応がたくさんあって、「電子による原子の引きずり」を活用し、複雑な構造の分子をつくる場面が多いのです。

生物の体内も、「原子を引きずる電子の能力」に頼る酸化還元反応の世界だといえます。どんな生物も、活動や（恒温動物なら）体温の維持に、エネルギーが欠かせません。その根源は、**光合成**という絶妙なしくみで植物が固定する太陽光エネルギーです。

植物は光合成（酸化還元反応）で、単純な原料（水と二酸化炭素）から、ブドウ糖やデンプンなど高エネルギーの有機化合物（炭水化物）をつくります。それを食べて代謝（消化）し、**呼吸**というしくみでエネルギーをとり出すときに進むのも、酸化還元反応にほかなりません。むろん光合成の産物は、体をつくる素材（炭素原子や水素原子）にもなるため、炭水化物は、金属の原料となる鉱石に似ているといえましょう。

③ ラジカル反応

三つ目は、**ラジカル**（別名 **フリーラジカル**）が起こす反応です。ラジカルとは、電子が奇数個の分子をいいます。第2章でみたとおり、原子どうしの結合は、**電子対**（電子2個）がつくるのでした。するとラジカルは、ただ1個を除く電子が、みなペアになっている分子（やイオン）だということになりますね。[*9] そんなラジカルは、電子を点にして「R・」や「・R」のように書きます。

たいていのラジカルは猛烈に反応しやすいため、寿命が長くありません。ときには2個のラジカルがぶつかり合い、孤立した電子（**不対電子**）を出し合って結合を1本つくり、偶数個の電子をもつ「ふつうの分子」になります（R・＋・R→R－R）。

炎の中は、ラジカルだらけの世界です。高温の熱が、燃えている物質の分子を壊し、結合をつくっていた電子対を「泣き別れ」させるからそうなります。

燃える物質からできるラジカルを「R・」と書き、「R・」が**連鎖反応**をする（つまり炎を持続させる）としましょう。炎の中には別の物質もあって、それもラジカル「・X」になるとします。また、「R・」と「・X」が出合うと、反応「R・＋・X→R－X」が起き、R－Xの結合が切れにくいなら、どうなるでしょう？ 「・X」を出す物質は、火を消しますね。そんな物質が**難燃化剤**や難燃素材です。[*10]

ラジカルは化学産業でも大活躍します。**重合**で**高分子**（**ポリマー**。プラスチックや合成繊維の素材）をつくるラジカルです。まず、小さな分子M（**モノマー**＝単量体）と出合ったラジカルR・が、Mにとりつく。できるRM・は、電子が奇数個だから、まだラジカルですね。RM・が別のMに出合って、やはりラジカルのRMM・になる……と連鎖反応が進み、長いラジカルRMM……M・ができます。そんなラジカルどうしが出合ったとき、電子対をつくって結合すれば連鎖反応（**ラジカル重合**）が止まり、長い分子ができ上がるのです。

ポリエチレンやポリスチレン、ポリ塩化ビニル（塩ビ）などの汎用プラスチックは、そんなふうにしてつくります。モノマーMがエチレン$CH_2=CH_2$のポリエチレン（レジ袋の素材）は、$-CH_2-CH_2-$の単位が鎖のようにつながり合ったポリマーです。

エチレンの水素原子Hを別の原子（や原子団）Xに変えた分子CH_2-CHXも、ラジカル重合をして、特有な性質のポリマーになります。Xがベンゼン環ならポリスチレン、塩素原子Clなら塩ビです。水素原子をみなフッ素原子Fに変えてつくるテフロン（商標名）は、だから正式名が「ポリテトラフルオロエチレン」となります。

④ ルイス酸塩基反応

最後の四番手は、見た目はわかりにくいかもしれませんが、じつはたいへん大事な反応です。いま見たとおり、2個のラジカルは、電子を1個ずつ出し合って結合しました。第4の反応は、分子（やイオン）が電子2個をそっくり供出し、相手分子がその2個を受け入れて進みます。電子が「・」なら、A＋:B→A−Bと書ける反応です。

そんな反応を、**ルイス酸塩基反応**といいます。反応の発見者、米国の化学者ルイス（34ページ）は、まさにその反応で1946年に命を落としました（犯人はルイス塩基のシアン化物イオン＝青酸イオン CN^-）。「酸塩基反応」とよぶのは、ふつうの酸塩基反応とそっくりだからです。ふつうの酸塩基反応は、「酸→塩基」の水素イオン移動でした。どうそっくりなのかはなかなかおもしろい話ですけれど、本書の範囲を超すため、これ以上は説明しません。

ルイス酸塩基反応がくれる恵みのひとつは、鮮やかな色の世界でしょう。ルイス酸塩基反応でつくれる**遷移金属錯体**の世界です。おなじみの例に、血液の真っ赤な色を生むヘモグロビン分子があります。

周期表の中央、凹み部分に並ぶのが遷移金属です。鉄 Fe やクロム Cr（語源は「色」を意味するギリシャ語 *chroma*）、コバルト Co、ニッケル Ni などがそう。ふつう遷移金属のイオン（Fe^{2+}、Co^{3+} など）は、H_2O や NH_3、CN^- など、6個の小さな分子やイオンが（同じ種類とはかぎりませんが）とり囲んでいます。とり囲むのが**配位子**（リガンド）、囲まれてできるのが**錯体**や**錯イオン**です。

錯体の結合は、配位子の出した電子対がつくり、そのとき金属イオンを**ルイス酸**（先ほどの

A）、配位子を**ルイス塩基**（:B）とよびます。

水に溶けた遷移金属イオンは通常、6個の水分子＝ルイス塩基に囲まれています。そこに加えた別のルイス塩基が、全部か一部の水分子を追い出して居座るとしましょう。そのとき電子状態が変わり、可視光を強く吸収して鮮やかな色を示すものもあります。顔料や染料の多くは、そうやって生まれました。

私たちの**呼吸**も、ルイス酸塩基反応の世界です。ヘモグロビンという大きなタンパク質がもつ鉄イオン Fe^{2+} は、ルイス酸塩基相互作用で4個の窒素原子（ルイス塩基 :N）と結合し、がっちり固定されています。酸素を吸うとルイス酸塩基反応が進み、ルイス塩基の酸素分子 O_2 が、自分の非共有電子対を使って Fe^{2+} と結合する。そうやって酸素を背負ったヘモグロビン分子が、体のすみずみまで酸素を配るのです。

こわい**一酸化炭素中毒**も、ルイス酸塩基反応の結果として起こります。一酸化炭素 CO は、酸素分子を追い出して、やはりルイス流に Fe^{2+} と結合する。Fe^{2+} −CO の結合が、Fe^{2+} −O_2 の結合より強いからです。そうなると、ヘモグロビンは酸素を運べませんね。首を絞める窒息ではなく、分子レベルの窒息だといえましょう。シアン化物イオン（青酸イオン）CN^- の毒作用も似ていますが、シアン化物イオンの場合は、呼吸系で進む電子授受を邪魔する効果のほうが強いようです。

化学者の仕事

化学の研究者、とりわけ有機化学の研究者は、手品師のように四大反応を操って、望みの分子をつくります。目的分子をつくるには、反応を念入りに設計し、手際よく進める腕が欠かせません。なにしろ目的分子には、原子が複雑につながり合ったものが多く、たとえば薬剤の場合など、原子1個のちがいで薬効がゼロになったりするからです。

有機化学者たちはさまざまな経験を積み重ね、原子をどうつなぎ合わせれば望みの化合物がつくれるかを学んできました。ときに反応は数十の段階に及び、ある段階がうまくいかないだけで、最終生成物がゴミになる。うまい手順を見つけた人は、反応に名前を残します。[*11] 昨今は、建設工事の手順を設計するのと似て、合成戦略を立てるのに、コンピューターのソフトウェアも役立つようになりました。

建設工事のたとえを続けましょう。ある箇所を完成したら、周囲の工事をするときに保護します。同様に、一部だけ完成した分子も、続く操作で壊れないよう保護しなければいけない。そんなときは、繊細な部分に小さな原子や原子団（**保護基**）をつないで「隠し」ます。あぶない段階がすんだあと、建設工事だと側板を外すように、保護基を切り離すのです。

有機分子の反応と電子雲

医薬や染料、人工甘味料などをつくる有機合成で使う反応を、二つだけ眺めましょう。どちらも、原子や原子団を別のものに入れ替える**置換反応**です。二つのどちらになるかは、やってきた反応物の目で見たとき、分子内で「攻撃目標」になる原子の電子雲が、薄いか濃いかのちがいです。

電子雲が薄ければ、プラス電荷の原子核が「見えやすい」ため、マイナス電荷をもつ反応物を、誘導ミサイルよろしく目標めがけて飛ばせます。核のプラス電荷を目指す置換反応だから、**求核置換反応**です。

反対に電子雲が濃くて、電子のマイナス電荷が核のプラス電荷を覆い隠すような場所には、プラス電荷の「ミサイル」を飛ばします。電子の多い場所を目指す置換反応、つまり**求電子置換反応**です。

何か新しい分子をつくりたいときは、反応させる分子の中で電子雲がどう分布しているのかつかみ、それをもとに相手分子を選びます。ときには、目標場所の電子を吸いとるような原子団とか、逆に電子を増やすような原子団を、そばにくっつける。そうやって電子雲の姿を整え、反応物が目標場所めがけて飛んでいくと確信できたら、反応にかかるのです。

宇宙に存在しない物質もつくる——そんな合成化学者の巧みな仕事ぶりについて、一端を感じとっていただけたでしょうか。かぎられたスペースの中、十分にお伝えできたとは思えませんが、じっくり手順を考えて「ものづくり」をする営みの雰囲気だけでも感じとっていただけたら幸いです。

[訳注]

＊1　ブレンステッドとローリーが酸と塩基を定義する39年前の1884年、スウェーデンの科学者スヴァンテ・アレニウス（1859～1927）が、水に溶けて水素イオンを出す物質を酸、水に溶けて水酸化物イオンを出す物質を塩基と定義していた。NaOHは、アレニウスの定義なら塩基だが、いまふつうに使うブレンステッド—ローリーの定義だと、「塩基 OH^- を出すもの」ではあるけれど、塩基そのものではない。

＊2　日本語でも、食塩（しお）と一般名（えん）に同じ文字「塩」を使う。

＊3　日本の高校では H_3O^+ を「オキソニウムイオン」と教える。しかしオキソニウムイオンは、「酸素原子に3個の原

子団がついた陽イオン」の総称で、H_3O^+だけをさす名称ではない。英米の教科書は、ほぼ例外なく「ヒドロニウムイオン」と書いている。

＊4　水素イオンがヒドロニウムイオンH_3O^+のかたちならサイズはカリウムイオンK^+に近く、水酸化物イオンOH^-のサイズはフッ化物イオンF^-に近い。しかし、K^+と比べたH_3O^+や、F^-と比べたOH^-は、電流を運ぶ速さ（正しくは「イオン移動度」）が4～5倍も大きい。その原因は、本文に説明した「隣どうしの速やかな受け渡し」だと考えられる。

＊5　ただしトムソンは、電子（electron）ではなく「コーパスル（corpuscle）」とよんだ。8年前の１８９１年にアイルランドの物理学者ジョージ・ストーニー（１８２６～１９１１）が「電気の最小粒子」をelectron（原義はギリシャ語の「琥珀《こはく》」。琥珀は摩擦電気を帯びやすい）と名づけていて、科学界もほどなくelectronを採用した。なおトムソンは、30歳ほど先輩にあたる別の大物ウィリアム・トムソン（絶対温度の単位Kに名を残すケルビン卿。１８２４～１９０７）と区別するため、ふつう「J・J・トムソン」とよぶ。

＊6　中高校の理科で使う用語「電気分解」には、何かを「壊す」イメージがある。けれど、電気エネルギーを投入して有用な物質（高エネルギー物質）を「つくる」操作だから、研究や産業の現場ではもっぱら、「分解」のニュアンスを弱めて電解とよぶ。電解合成という大きな研究分野もある。

＊7　アルミニウムは、鉱石（ボーキサイト）をつくるAl^{3+}とO^{2-}の結合がたいへん強いため、金属としての生産・利用が遅れた。英国のハンフリー・デーヴィー（１７７８～１８２９）が見つけた電解法で得るカリウムKを作用させて塩化アルミニウムを還元し、１８２５年に初めてアルミニウムを得たのはデンマークのハンス・エールステッド（１７７７～１８５１）。やがてフランスも生産を始め、１８５４年の年産量は1～2トンだった。皇帝ナポレオンⅢ世（在位１８５２～７０）は、ふつうの客は金の皿で、賓客はアルミニウム（当時は「貴金属」）の皿でもてなしたという。現在と同じ溶融塩電解法（ホール-エルー法）は、１８８６年に米国のチャールズ・ホール（１８６３～１９１４）とフランスのポール・エルー（１８６３～１９１４）が独立に完成させた（奇し

くも二人は生没年が同じ)。

＊8　条件が整えば、電子の「飛び移り」も起こる(電子授受反応)。一部の電解反応(電解めっきなど)は、電子授受そのものだといえる。また、タンパク質の「檻《おり》」に埋まったクロロフィル分子が進める光合成の初期過程では、光エネルギーを駆動力とした電子授受が主役を演じる。走査トンネル顕微鏡(第5章)も、真空中を電子が飛び移るからこそ働く。

＊9　結合に参加しない孤立電子を2個もつラジカル(ビラジカル)もある。なにげない酸素分子 O_2 がそうだから、液体酸素は磁石にくっつく。

＊10　塩素原子のラジカル(・X)は、安定なR－X結合をつくりやすい。だから分子内に塩素原子をもつ塩ビ(ポリ塩化ビニル)は難燃性を示すため、日本で使う壁紙の90％以上は塩ビでつくる。日本では20世紀の末、欧米の10年遅れで「ダイオキシン騒動」が突発し、ダイオキシン発生の元凶だと塩ビに濡れ衣が着せられた。直後は電気コードの被覆材を別のポリマーに変える家電メーカーもあったけれど、誤解は数年のうちに解けている。

＊11　有機分子をつくる「有機人名反応」は名高いものだけで約120種を超し、うち1割ほどに日本人研究者の名前がついている。

第5章
化学の道具

化学反応を進めるにも、生成物を分けとって特定するにも、いろいろな方法や道具を使う。物質の分析（定性・定量）や合成は、どんなふうに進めるのだろう？

化学の研究室にある器具や装置は、古いものと新しいものの混成チームです。タイムマシンで訪れた錬金術師には、ごく一部だけわかっても、知らないものが大半でしょう。液体用の容器なら、とりどりの形はともかく、たいていは錬金術師も使いました。けれど、ものを分け、**化学分析**（定性・定量）に使う装置や機器を目にしたら、途方に暮れてしまうはず。電子化と自動化がとことん進んでいるからです。

溶液をはかりとる

料理するときのように、ほしい体積の液体や溶液をはかりとるには、小学校にもあるビーカーやフラスコ、試験管のほか、**ピペット**と**ビュレット**を使います。ピペット（pipette）は細い管＝パイプ（pipe）のことです。またビュレット（burette）は、「小さい壺」を意味するフランス語からつくられました（米語のスペルはそれぞれpipet、buret）。

ピペットもビュレットも、高校化学の酸塩基滴定＝中和滴定に使います。滴定の英語titrationは、「合金の純度を測る」というフランス語の動詞*titrer*からできました。塩基を酸で滴定するなら、まず塩基の水溶液をピペットでとり、[*1]三角フラスコに入れる。そこに、ビュレットから酸の水溶液を少しずつ注ぐ。酸と塩基がちょうど中和したとき、ビュレットの目盛から、塩基の濃度がわかるのでした。

ものを分ける

物質を分ける、つまり**分離**（単離）や精製をするための方法はたくさんあります。水溶液を混ぜてできる固体を分けとる**沪過**はご存じでしょう。もうひとつ、液体の混合物を熱して出てくる蒸気を冷やし、液体を分ける**蒸留**もおなじみですね。蒸留では、まず蒸発してくる低沸点の成分を、集めるか捨てるかします。

ここから先は、錬金術師の知らない世界です。

混合物を分けるには、ふつう**クロマトグラフィー**を使います。1903年、植物の葉からクロロフィル類やカロテン類を分けたロシアのミハイル・ツヴェート（1872〜1919）が、「色を分ける方法」という意味で「クロマトグラフィー」と名づけました。[*2] いまや「色」には関係なく、混合物を精密に分ける道具として、研究室の必需品になっています（装置の呼び名は「クロマトグラフ」）。

気体を成分に分ける**ガスクロマトグラフィー**では、長さ数メートルほどの細い管（カラム）に試料を注入します。まずは成分それぞれが、管の内壁に塗ってある固体や液体に、さまざまな強さでくっつく（**吸着**する）。管内に気流をつくると、弱く吸着した成分は流れに乗って速く動き、強く吸着した成分はゆっくりと動く。そのため、管の出口で待ち受けると、出てくるまでの時間から成分を特定できるのです。[*3]

クロマトグラフィーは、果物や飲料の香り成分など、さまざまな物質の分離に使われてきました（たとえばコーヒーの香りは、2000種ほどの物質が生む）。爆薬を「かぎ分け」、事故防止や防犯に役立てたりもします。

光でさぐる

錬金術師の目を奪い、しかし唖然とさせるのは、実験室に所せましと並ぶ電子機器でしょう。見た目は画面やダイヤル、キーボードだから、何にどう使うのか見当もつきません。たいていは**分光測定**に使います。分光測定の英語 spectroscopy は、ラテン語の *spectrum*（外見）にちなみ、もともとの意味は「外見を吟味すること」でした。けれど現在、「見る」といっても目視ではなく、「外見」も日常語からずっと離れています。

分光測定は、文字どおり「波長や振動数ごとに分けた光」を使う測定法です。光とはいえ、目に見える光（可視光）だけではありません。何を調べたいかで、紫外線や赤外線、X線、ラジオ波……といった**電磁波**のどれかを選びます。

まず、**原子分光**という測定法を眺めましょう。原子を熱して高温にすると、原子が熱のエネルギーをもらう。そのとき、核をとり囲む電子の1個（あるいは数個）が、もとの電子雲から抜け出して、別の電子雲をつくる（原子の「上空」を漂うイメージ）。もとの電子雲を原子の**基底状態**《きてい》、飛び出してからの電子雲を**励起状態**《れいき》とよびましょう。

ふつう励起状態の寿命は短いため、電子はほぼ一瞬で基底状態に戻るけれど、そのとき余分なエネルギーを光（**光子**《こうし》）の形で放出します。光子のエネルギーが大きい（振動数が高い）と紫外線、小さいと可視光です。

原子の中で電子は、飛び飛びのエネルギー（**エネルギー準位**）しかとれません。エネルギー準位のありさまは元素ごとに決まっているため、基底状態に戻る原子が出す光の波長は、元素に特有な値をもつことになります。そこに注目して、元素を特定するわけです（色だけで元素を特定するのが**炎色反応**）。

街路やトンネルの照明に使う黄色い光は、励起状態から基底状態に戻るナトリウム原子が出します。ネオンサインの赤い色は、ネオンの励起原子が出す光。そうした情報を使うと、未知試料が出す光の全体（**スペクトル**）から、元素を特定できるのです。

以上は「原子」の「発光」でした。分子をつくっている電子も、飛び飛びのエネルギー準位にあるため、分子は特有の発光（蛍光やリン光）を示します。けれど分子の場合、分光測定でもっぱら注目するのは、**光の吸収**です。

試料に当てる光は、おびただしい光子を含んでいます。[*4] 光子1個が分子1個にぶつかったとき、光子のエネルギーがぴったりの値なら、光子は分子に吸収されて消え、1個の電子が高いエネルギー準位に上がる。すると光の出口では、吸収された分だけ光の強さが減りますね。光の色（波長）を変えながら、出てくる光の強さを測ったグラフが、分子それぞれに特有の**吸収スペクトル**です。

以上は、分子が光子を吸収したとき、電子が低いエネルギー準位から高い準位に上がる話でした。ふつう、それを起こせるのは可視光〜紫外線なので、測定法の呼び名は**紫外可視吸収測定**といいます。色をもつ（世界に彩りを恵む）分子は可視光の一部を吸収し、色のない分子は紫外線を吸収すると思ってかまいません。

可視光より波長が長い電磁波は、赤外線という呼び名になります。光子エネルギーが小さい赤外線に、原子や分子の電子雲を乱す力はありません。けれど、結合をつくっている原子間の振動を活性化する力はある。原子間の結合は毎秒10兆〜１００兆回ほど振動していて、その振動数が、ちょうど赤外線の範囲に入るからです。赤外線を使う分光法を、**赤外分光**や**振動分光**とよびます。

たとえば、メチル基 CH_3 の C－H が示す振動数と、カルボニル基 CO の C＝O が示す振動数はくっきりとちがいます。そのため、赤外線の振動数を変えながら吸収の強さを測った赤外スペクトルを見れば、ある分子がどんな原子団をもつのかわかるのです。

核のスピンを変える

有機化合物の精妙なつくりを浮き彫りにするのが、**核磁気共鳴**（**NMR**）という分光法です。まったく同じ方法なのに、「核」の字を見て患者さんが不安を覚えないようにとの配慮でしょうか、体の診断に使うときは**磁気共鳴画像法**（**MRI**）とよびます。化学者なら、「核」が放射能などではなく「原子核」のことだと知っているため、「核磁気共鳴」という用語におびえたりはしないのですが。

ふつう核磁気共鳴では、水素原子の核（陽子1個）に注目します。電子と同じく陽子も**スピン**（一般名「**核スピン**」）をもっています。「自転する電荷」はミニ磁石でした（35ページ）。スピンの向きを時計回りか反時計回りとみて、ミニ磁石のN極が、上向きか下向きのどちらかだと考えましょう。

そんな陽子を、（超電導コイルでつくる）強い磁場の中に置いたとします。すると、磁場がないときは区別できなかった上向きと下向きのスピンに、エネルギーの差ができる。つまり、エネルギー準位が二つに分裂する。その状況で、エネルギー差に等しい振動数の光子を当てると、低エネルギー（たとえば時計回り）の陽子が高エネルギー（反時計回り）に移ります。陽子が光子を吸収するわけですね。

エネルギー準位の分裂幅と光子の振動数がぴったり一致したとき、**共鳴**が起きたといいます。ラジオを聴くときの周波数合わせ（チューニング）とまったく同じです。当てた電磁波の光子が吸収されて減り、電磁波が弱くなる。エネルギーの分裂幅は、赤外線の光子エネルギーよりさらに小さく、ＦＭ放送用の**ラジオ波**（１００メガヘルツ程度）がもつエネルギーにあたるため、測定にはラジオ波を使います。

陽子のスピンを反転させる？……それがどうした……と首をひねる読者もいるでしょう。けれど、核磁気共鳴の威力はたいへんなもの。陽子（つまり水素原子）が分子内のどこにあるかで、共鳴を起こす振動数が微妙に変わるのです。[*5] たとえば、隣の原子が炭素Ｃか窒素Ｎかで、共鳴振動数が変わる。そのため、共鳴吸収のスペクトル（ＮＭＲスペクトル）から、分子がもつ水素原子それぞれの「お隣原子」がわかるのです。

それだけではありません。水素原子のミニ磁石（核＝陽子）が、分子内でほかのミニ磁石と作用し合えば、互いのエネルギーが微妙に変わります。その結果、吸収スペクトルに特有なパターンが現れ、分子のくわしい構造を教えてくれるのです。

天然の炭素原子は2種類の**同位体**（^{12}Cと^{13}C）が混ざったもので、約99％が^{12}C、約１％が^{13}Cです。^{12}Cは陽子が偶数（６個）だから、核スピンをもちません。かたや陽子が奇数の

^{13}Cは核スピンをもつため、NMR測定でつかまるのです。分子内にある炭素のほぼ全部を^{13}Cに変えた分子のNMRを測れば、炭素原子の位置や環境がこまかくわかり、疑問の余地なく分子の構造をつかめます。[*6]

原子の重さをはかる

分子をバラバラに壊したあと、切れ端（断片＝フラグメント）の質量を精密に測り、分子を特定するやりかたが**質量スペクトル測定**です。光を使うわけではありませんが、ふつうは「分光法」の仲間とみます。

分子を壊すには、たとえば**電子ビーム**をぶつければいい。電子ビームの衝撃が、分子をまとめ上げている電子雲を乱す結果、分子は「断片イオン」に分かれます。断片イオンを電場で加速し、強い磁石のすき間に通す。そのとき、軽い断片イオンほど、飛行ルートが大きく曲がる。ある曲がりかたの断片イオンをとらえた検出器が、電気信号を生むというわけです。

磁場の強さを変えていくと、検出器に届く断片の質量が変わります。[*7] そうやって描ける「質量スペクトル」から、イオンの親だった分子の構造がわかるのです。うっかり割った花瓶の破片から、もとの花瓶を復元するのに似ていますね。

原子の並びをつかむ

生体分子の働きは、分子のつくり（構造）が決めるといっても過言ではありません。分子の構造を明らかにするのはまさに化学の本道ですが、とりわけ生物学との接点では、大きな分子の働きを、化学の方法で突き止めるのです。

どんな生物の体内でも、ほとんどの化学反応は酵素が進めます。また、遺伝やタンパク質合成の司令塔になる**DNA**（デオキシリボ核酸）分子や、骨の強い構造をつくるタンパク質分子、五感や思考にかかわる分子、体をきちんとした状態に保つホルモン分子など、大事な分子がたくさんあります。

大きな分子や分子集合体の構造を知りたいとき、絶大な威力を発揮するのが**X線回折**です。試料はふつう結晶だから、別名を**X線結晶学**といいます。X線回折は多くのノーベル賞につながりました。X線の発見者ヴィルヘルム・レントゲン（1845～1923。受賞1901年＝賞の発足年）はもとより、ヘンリーとローレンスのブラッグ父子(父1862～1923、息子1890～1971。共同受賞1915年)、ピーター・デバイ（1884～1966。受賞1936年）と、初期のころは物理学者が受賞しています。

20世紀の後半になると、生体分子のX線構造解析が花開きました。まずは1962年、DNAの二重らせん構造を突き止めたジェームズ・ワトソン（1928〜）とフランシス・クリック（1916〜2004）が、X線回折の担当者モーリス・ウィルキンス（1916〜2004）と生理学・医学賞を共同受賞しています。遺伝の理解や、病気の治療、犯罪捜査などを刷新した業績です。2年後の1964年にはドロシー・ホジキン（1910〜94）が、ペニシリンやインスリンの構造を突き止めて化学賞を受賞しました。*8

実験物理学者が見つけたX線回折は、生物と化学の境界領域で目覚ましい成果につながりました。だからこそノーベル賞の授賞分野も、化学賞、物理学賞、生理学・医学賞のすべてにまたがっているのですね。

X線は可視光と同じ電磁波の仲間でも、波長は可視光の1000分の1（100ピコメートル＝原子の直径くらい）しかありません。とはいえ電磁波だから、波の山どうしが強め合い、山と谷が弱め合う**干渉**をします。

結晶の中では、原子・イオンや、原子のつながりあった分子が、規則的に並んでいます。そこにX線がやってくるとしましょう。いろんな場所の原子がX線を**散乱**します。その散乱X線が干渉し合いながらさまざまな向きに飛んでいき（**回折**）、検出器に届く。干渉の結果、検出器の上には、明るい部分（**輝点**）と暗い部分ができるのです。

試料（結晶）と検出器の両方をゆっくり回転させながら、試料（結晶）にX線を当て、結晶（の原子たち）がつくるおびただしい輝点を観測します。その結果をコンピュータで解析すれば、原子の配置がわかるという寸法です。

タンパク質などの生体分子は、なかなかきれいな結晶になってくれません。とはいえ、運に恵まれ、とにかく結晶さえ手に入ればX線回折はでき、想像の世界だった分子の構造を浮き彫りにできます。

結晶になりやすい無機物質なら、X線回折はずっと簡単です。試料の全体を結晶（単結晶）にしなくてもよく、粉末（微結晶の集まり）でかまいません。粉末の試料にX線を当てると、物質に特有な回折パターンが得られ、標準物質のデータと突き合わせれば、試料を特定できるのです。

回折という現象は、当てる電磁波の波長と、並んだ原子どうしの距離が近いときにだけ起こります。分子や結晶をつくる原子間の距離（1億分の1センチ程度）が、たまたまX線の波長範囲に入るから、回折の観測にはX線がぴったりなのです。

表面の原子を「みる」

結晶の内部には、うっとりするほどみごとな原子の並びがあります。ただし固体が何かするとき、その舞台は**表面**ですね。触媒となって反応を促すときは、まず表面の原子1個が反応物の原子をつかまえる。そのとき反応物の結合が伸び、切れやすくなるので反応が進みます。たいていの化学産業は触媒が命ですから、固体の表面原子がどう並んでいるか、そして何がどう起こるのかは、昔から知りたいことの筆頭でした。

表面を原子レベルで「みる」手段が1980年代に生まれ、固体表面の研究を一変させました。いまや、表面の原子1個1個も、表面にくっついた（吸着した）原子・イオン・分子も見えるのです。方法を大きく二つに分ければ、**走査トンネル顕微鏡（STM）**と**原子間力顕微鏡（AFM）**になります。[*9]

STMでは、先端をうんと細くした針（**探針**《たんしん》）を固体の表面に向け、接触するギリギリ手前で、縦横の向きに動かします（走査）。そのとき、探針の先端をつくっている原子と、表面原子との間（真空）に電子が飛び交うため、流れる電子の量（電流）を二次元の画像にして、モニターに映します。原子のある場所で電流値が大きくなるから、電流値をもとに表面の原子レベル凹凸が「みえる」のです。

電子は原子に束縛されています。古典物理学で考えると、探針の先と表面原子の間を電子が飛ぶはずはありません。けれどミクロ世界の力学（**量子力学**）なら、**トンネル効果**が起こるので、STM測定もできるのです。「トンネル電流」の大きさは、距離とともに急変するため、表面の凹凸や吸着分子の姿を浮き彫りにします。STMは、「原子など見えるはずはない」という常識をくつがえし、固体の表面を「ありのままに」観察する道を拓きました。

もうひとつのAFMでは、探針先端の原子と表面原子との間に働く力（引力や反発力）を測り、やはり表面の**原子像**をつくります。

固体表面の原子1個を探針の先で「つまみ上げ」、自在にあちこち動かす芸当もできるようになりました。丸っこいフラーレン（C_{60}）の分子で「ナノサッカー」を楽しむとか、原子で「お絵かき」をする分野です。探針の先にくっつけた分子を表面にうまく積み重ねれば、表面にナノサイズの構造をつくれたりもします（第7章参照）。

計算で分子をつかむ

このところ、暮らしも化学もコンピュータが一新しました。昔ながらの手作業はまだ残るにしても、いまやたいていの作業はコンピュータで制御します。X線結晶学が目覚ましく進んだのも、測定とデータ解析用のコンピュータがあるおかげです。NMRのスペクトル測定と解析にも、コンピュータは欠かせません。

コンピュータは本来、計算のために開発されました。本来の性能を活かし、分子の構造や性質を計算で突き止める分野が**コンピュータ化学**です。[*10]

いま化学者は、気象予報士やハッカーと並ぶコンピュータのユーザーになりました。ハードウェアの性能が上がり、かつては大型コンピュータが必須だった計算や解析が、タブレット端末やスマートフォンでも軽々とできる時代です。

コンピュータ化学では、量子力学の理論をもとに、分子がもっている**電子雲**の分布などを計算します。ふつうは厳密に解けないため、近似《きんじ》（単純化）を使って膨大な数値計算をすることになります。計算の出力（数値）を画像ソフトで処理すれば、電子雲のありさまが画面に表示でき、分子のふるまいが見てきたようにわかるのです。

電子雲の濃淡をこまかく表示すると、たとえば、新薬の候補として合成した分子に薬効があるかどうか、動物実験をする前にわかります。

タンパク質分子の「折りたたみ（**フォールディング**）」を追いかける研究分野もあります。

タンパク質は、小さなアミノ酸分子がつながった長い鎖です。けれど、ただの鎖ではなく、らせん状やシート状の構造をつくったあと、全体がきちんと折りたたまれてようやく、本来の機能を発揮できます。

分子内の部分どうしに働く力はわかっても、どういう順に力が働いて鎖が折りたたまれるのかは、まだよくわかっていません。むろん、私たちが知らないだけで、自然はいともたやすくやりとげているのですが。コンピュータを使って分子鎖が折りたたまれる道筋を追いかけ、自然の秘技を明るみに出そうというわけです。

コンピュータは、化学反応の道筋をつかむのにも使います。ソフトウェアが描き出す仮想空間の中で分子どうしをぶつけ合い、どの結合が切れ、新しい結合がどんなふうにできていくのかを調べるのです。

賢く「つくる」

いままでは、原子や分子のありさまや性質を「調べる」話でした。分子を「つくる」話もひとつだけご紹介しましょう。**化学合成**に使う方法のうち、**コンビナトリアル化学**（コンビナトリアル合成）という方法です。

従来の化学合成では、まずつくりたい化合物を決め、それを目指して反応を1ラウンドずつ進めます。コンビナトリアル化学では、おびただしい化合物を一気につくるのです。そして、1ラウンドが終わるたび、望みの性質をもつものがあるかどうかを調べ、脈がありそうだとわかったら化合物を特定し、その利用に進みます。

例として、数個のアミノ酸がつながった**ペプチド**をつくるコンビナトリアル化学を眺めましょう。同じやりかたはペプチド以外にも応用できて、とりわけ新薬づくりの効率を格段に上げてきました。

アミノ酸A、B、Cがあるとしましょう。第1ラウンドでは、Aを何かに固定し、その溶液にAとBとCを加えて反応させ、AA、AB、ACの三つをつくる。[*11] できた溶液を3分割し、同じ体積の容器①・②・③に入れます。

第2ラウンドでも同様な操作をくり返します。容器①にAを加えると「AAA、AAB、AAC」ができ、容器②にBを加えると「ABA、ABB、ABC」、容器③にCを加えると「ACA、ACB、ACC」ができるため、化合物は9種になりました。それを次のラウンドに回し、鎖を伸ばすとともに、ペプチドの種類を増やしていきます。

天然のアミノ酸は20種あるから、ラウンドを重ねてできるペプチドは、400種、8000種、16万種、520万種……とネズミ算ふうに増えていきます。たちまちのうちに数百万もの化合物をつくる流れ作業なのです（作業はロボットに任せますが）。

コンビナトリアル合成では、何ができたかをいちいち気にせず、どんどん化合物をつくります。1個でも宝物が見つかればいい、と期待しながら。混合物をテストしたとき、薬効とか酵素の阻害《そがい》作用とか、目指す活性があるとわかれば、その活性を示す化合物を分離・特定し、残りは捨ててしまいます。

だいぶ前、名前のある化合物が1000万種を超えたと話題になりました。いまや合成化学者は、1か月もあればその数倍をつくれるのです（何ができたのか気にせずに）。進歩とは、そういうことなのでしょう。

［訳注］

＊1　超微量の生化学試料を扱うエッペンドルフ社製のピペットには、採取体積0・1マイクロリットル（1万分の1ミリリットル）のものもある。

＊2　たまたま彼の名ツヴェート（Цвет）は、ロシア語で「色」を意味する。

＊3　試料が溶液なら、カラムに詰めた固体に試料を吸着させたあと、別の適切な液体（溶離液）を流し、ガスクロマトグラフィーと同じ原理で成分に分ける（液体クロマトグラフィー。元祖はツヴェート）。とりわけ、数十〜数百気圧の高圧で溶離液を押しこみ、短時間のうちに精密な分離ができる高速液体クロマトグラフ（ＨＰＬＣ）は、

1970年代から有機合成や生化学の研究に必須の道具となっている。

＊4 快晴で太陽が真上にあるとき、地面の1平方センチに降ってくる可視光の光子は、1秒間におよそ10の17乗個（1兆個の10万倍）にのぼる。

＊5 共鳴振動数（周波数）の変化を「化学シフト」という。化学シフトの値は、水素原子まわりのこまかい環境を教え、分子構造の特定に役立つ。

＊6 天然の炭素は^{13}Cを約1％（原子100個のうち1個）しか含まないため、炭素原子が10〜20個の分子だと、分子内に2個以上の^{13}Cがある確率はたいへん低い。そのため、^{13}C－^{1}Hの相互作用は検出できても、^{13}C－^{13}Cの相互作用は検出しにくい。^{13}C－^{13}Cの相互作用を検出するには、分子内の^{12}Cを^{13}Cに置換する。

＊7 検出器は、断片イオンの質量そのものではなく、「質量／電荷」の比に応答する。

＊8 1988年には、光合成バクテリアの反応中心をつくるタンパク質複合体の構造をX線回折で決めたドイツのロベルト・フーバー（1937〜）、ヨハン・ダイゼンホーファー（1943〜）、ハルトムート・ミヒェル（1948〜）がノーベル化学賞を受賞している。

＊9 STMを1981年に発明したドイツのゲルト・ビニッヒ（1947〜）とスイスのハインリッヒ・ローラー（1933〜2013）が1986年のノーベル物理学賞を受賞。同時に受賞したドイツのエルンスト・ルスカ（1906〜1988）は、25歳だった学生時代の1931年に世界初の電子顕微鏡をつくった人。なおビニッヒはAFMの開発（1985年）もなしとげた。STMやAFMを走査プローブ顕微鏡（SPM）と総称する。

＊10 化学計算にもスーパーコンピュータを使う場面が多い。2011年に世界最高の性能を達成した理化学研究所の「京《けい》」は、名前のとおり、1秒間に1京回（1億回の1億倍）の演算ができる。

＊11　アミノ酸どうしの結合は方向性をもつため、2個が結合した分子ABとBAはちがう。最初にAを固定していないと、第1ラウンドできる分子はAA、AB、BA、AC、CAの5種類になる。

第6章 化学の恵み

いまの快適な暮らしは、化学の知恵と技術が生んだ。化学の恵みは、身近な材料、医薬、爆薬、肥料、農薬の創成から、輸送や省エネルギーまで数えきれない。化学は社会のしくみも色彩も一変させ、病気の治療と予防に役立ち、人間の寿命を延ばしてきた。

身のまわりから化学の恵みを消したとすれば、石器時代に戻ってしまう……と第1章に書きました。快適な暮らしにも社会インフラにも、化学の恵みが多いからですね。

錬金術師たちが好奇心で物質をいじっていたころは、指針になる理論がないせいで、進歩は亀の歩みに似ていました。ようやく18世紀ごろ、成熟への道が見え始め、導きとなる理論も整ってきます。好奇心が豊かな実を結ぶ時代に入り、その結果、化学は目覚ましい成果をあげてきました。

簡単にいえば化学とは、物質を変化させる営みです。たとえば、地下から掘り出した原油や鉱石を素材に、燃料や鉄やアルミニウムをつくる。空気中の窒素を素材に、化学変化させて肥料をつくる。あるいは、複雑なつくりの有機分子をつくって繊維やハイテク材料にする。そうした流れは、今後もどんどん進むでしょう。

万物は4元素（土・水・空気・火）からできている――と古代ギリシャの哲学者たちは考えました。[*1] まずは、その4元素を文字どおりに受けとって、水・土・空気・火の順に、化学の成果を眺めましょう。

「水」を安全にする化学

生物が個体として命を保つにも、社会生活を営むにも、水は欠かせない物質です。天然の水が含む病原体を除いて安全な飲み水をつくるのに、化学は大きな貢献をしています。とりわけ、**殺菌**に塩素を使う発明が画期的でした。塩素殺菌をしないと病気がたちまち蔓延します。

歴史上、町がまるごと滅びるような事故もときどきありました。少なくとも一部は、飲み水による集団感染だったでしょう。[*2]

単体の塩素ガスは、ありふれた食塩水の**電解**でつくれます。電解法を使う塩素の大量生産は1890年ごろのドイツで始まりました。塩素とアルカリの反応でできる次亜塩素酸イオンが、病原菌を殺してくれるのです。

井戸水の汚染を除くのも、海水を飲み水（淡水）に変えるのも化学です。**海水の淡水化**に利用する**逆浸透法**では、海水を加圧して膜に通し、濃度3％ほどのイオン類を除きます。化学技術者は、高圧に耐える薄い膜をつくり、淡水化の効率を上げてきました。また、飲み水の安全性を保証するため、溶けている成分を特定・定量し、どの成分を減らすべきか判断するのは分析化学者の役目です。

「土」と「空気」にまつわる化学

土は作物を育てます。世界の人口が増え、農地の劣化も進むため、穀物の生育を速めて収量を上げるのが欠かせません。先端技術を使う**遺伝子組換え作物**の利用も一法でしょうが、まだ賛否両論があるのはご存じのとおり。[*3]

てっとり早く作物の収量を上げるのは、昔ながらの**肥料**です。不足しがちな窒素とリンを自然界からとり、植物が吸収できる物質に変える――その営みに、化学者が大きな貢献をしてきました。

土には、まず「空気」が恵みを与えます。どんな生物にも必須な窒素Nは、空気の約8割も占めてはいても、そのままで植物は吸収できません。窒素分子N_2の結合が、たいへん強い三重結合（電子対3個）だからです。自然界では、**雷**の強烈なエネルギーや、マメ科の植物と共生してN_2を化学変化させる特別なバクテリア（**根粒菌**）の酵素だけが、N≡Nの強い結合を切る力をもっています。[*4]

20世紀の初め、空気中の窒素を原料に、植物が吸収できる窒素化合物＝アンモニアをつくる技術を、ハーバーとボッシュが開発しました（**ハーバー–ボッシュ法**。第3章）。窒素肥料のほか、チリ硝石（硝酸ナトリウム）に頼っていた火薬の原料をつくる技術でもありましたが、ともかく化学最高の成果といってもいいでしょう。反応の原理を見つけたハーバーが1918年、高温・高圧の製造プラントを完成させたボッシュが1931年に、それぞれノーベル化学賞を受賞しました。

ただしハーバー–ボッシュ法は、いま全世界で使うとはいえ、エネルギーをたくさん消費します。アルファルファやクローバーなどマメ科植物と共生している根粒菌をまね、常温常圧のアンモニア合成ができれば、すばらしいことです。ここ数十年、その可能性を化学者は追いかけ、バクテリア体内の酵素反応を調べてきました。成功のかすかな気配はあるものの、大量生産のメドはまだ立っていません。

リンPは自然界に豊富です。動物の骨（主成分：リン酸カルシウム）も、ほとんどの生物が使うDNA（デオキシリボ核酸）もATP（アデノシン三リン酸）も、リンを含んでいます。先史時代を生きた生物の死骸が、地殻変動の生む高圧のもとでリン鉱石になり、世界あちこちの海底にある。そんな鉱石からリンをとり出すのも、化学者の仕事です。死体を食物に変える壮大な規模のリサイクルだといえましょうか。

「火」の化学

4元素のうち「火」は、**エネルギー**とみていいでしょう。何をするにも、先立つのはエネルギーです。エネルギーの供給が止まったら、どんな文明も崩壊するしかありません。文明のレベルは、エネルギーの消費量とともに上がります。いまあるエネルギー源の利用効率を高め、新しいエネルギー源を見つけるのも、化学者の大きな課題です。

おなじみの**石油**は、エネルギー密度が高いうえ、軽くて運びやすいエネルギー源です。掘り出した原油を成分に分ける方法（**分留**）も、分子を分解して揮発性を上げたり、きれいに燃える分子につくり変えたりする方法も、触媒やプラントの設計を含め、ずいぶん前から化学者が開発してきました。

とはいえ、石油（や石炭）を掘ってただ燃やし続けるのは、未来の世代を悲しませる営みかもしれません。種の絶滅に似て、有限な資源がなくなるからです。さしあたり、採算に合う形で掘れる油田の発見が続いてはいても、どんどん掘りにくくなるし、採掘コストも上がっていきます。石油が底を突くのは数十年〜１００年くらい先でしょうけれど、いつかその日が来るのはまちがいありません。[*5]

自然に学ぶ電池の化学

有望な新エネルギー源には、どんなものがありうるのか？　真っ先に思い浮かぶのが、天空の核融合炉といってよい太陽でしょう。自然は、太陽光エネルギーのみごとな固定法を発明しました。植物の**光合成**です。光合成のしくみにならう**太陽電池**は材料化学者がつくり、いま効率の向上やコスト低下を目指す研究が進んでいます。

光合成は、化学者より35億年ほど前に「研究」を始めた自然界の作品です。葉っぱの中では、クロロフィル分子が吸収した光を使い、水の電解（水→水素＋酸素）に近い化学反応を進めています。[*6] 水素はすぐれたエネルギー源だから、光合成にならった反応を大規模に起こすのが、今後の大きな課題でしょう。

水素も、天然の炭化水素も、エネルギーの高い物質です。水素や炭化水素を燃やし、熱のかたちでエンジンや発電に使ってもいいのですが、もっと効率のいいやりかたがあります。化学反応から出るエネルギーを電気に変えたり、逆に電気エネルギーで化学反応を進めたりする**電気化学**の技術です。[*7]

電気化学の知恵と技術は、暮らしを一変させました。懐中電灯や時計の電源を皮切りに、電気化学の精華ともいえる**電池**は昨今、携帯電話やオーディオプレーヤー、モバイルPCなどに広く使われています。これからも電池は多様化と進化を続け、ハイブリッド車や電気自動車の普及に貢献することでしょう。

さまざまな**燃料電池**も化学技術の成果です。ラップトップPC用や家庭用の電源に利用が始まり、そのうち自治体の電源にもなるかもしれません。水素やメタノールなどの燃料を外から供給し、電極上で進む酸化還元反応（第4章）から電気エネルギーをとり出すしくみです。すぐれた電極材料と電解質の開発が、普及へのカギをにぎっています。

原子力と化学

核分裂から出るエネルギーを電気に変える**原子力発電**でも、化学の知恵は欠かせません。ウラン鉱石から濃縮ウランをつくるのも、原子炉に使う材料を開発するのも化学です。いずれ実用化してほしい核融合発電も、そこに変わりはありません。

ご承知のとおり、どこの国にも反原発を唱える人たちがいます。政治経済面はともかくとして、いちばんの心配ごとは、**使用済み核燃料**の処理・処分でしょう。[*8] 発電に使ったあとの核燃料から役に立つ成分をとり出し、核廃棄物の環境リスクをできるだけ減らす方法を開発するのも、化学者の役目です。

すばらしいプラスチック

おそらくは1億年以上も地下に眠っていた有機化合物（**原油**）を掘り、燃やし続けるのは、貴重な資源の破壊に等しい――と前に書きました。むろん私たちは、原油からつくった燃料を車や航空機のエンジンに入れて燃やすだけではありません。原油の一部は**石油化学工業**に回し、さまざまな物質や材料をつくっています。[*9]

石油化学工業では、原油から分けとった炭化水素を反応させて素材に使い、医薬や農薬、食品添加物など、いろいろな製品をつくります。そのうち、私たちの暮らしをいちばん変えたのが**プラスチック**です。

100年前なら、身近なものの素材は、金属や粘土とか、木材、羊毛、綿、絹など天然そのままの素材でした。いまや石油化学工業がつくった材料だらけですね。衣服にも家具にも化学繊維を使い、旅行用のスーツケースもカートもほとんどがプラスチックです。テレビや電話、冷蔵庫、パソコンといった家電や電子機器にも、あるいは自動車や航空機にも、プラスチックがずいぶん使われています。

身のまわりの風景も、ものの手ざわりも、100年前とは様変わりしました。合成素材に手を触れない日はありません。化学者は、石油の分子を切り刻み、小さな分子を自由自在につなぎ合わせる**重合**という方法をあみ出し、世界をそんなふうに変えたのです。

たとえば、エチレン（CH_2＝CHX。X＝H）の重合でつくるポリエチレンは、買い物（レジ袋）から戦争（レーダー用ケーブルの被覆材）まで、数えきれない用途があります。また、塩化ビニル（X＝Cl）を重合させたポリ塩化ビニル（塩ビ。第4章）は、かつて木や紙や金属だった窓枠、壁紙、パイプ、建材、断熱材を一変させました。

廃棄レジ袋を飲みこんだ野生生物が苦しむのは許せない……などと、便利さより環境影響を重くみる人もいます。でも、プラスチックのない世界を想像してみてください。衣服や家具、装飾に使うナイロンやポリエステルがなければ？　飲料容器や食品トレイ、掃除用のバケツが重い金属のままなら？　スイッチやプラグ、ソケット、おもちゃ、ナイフの柄、キーボード、ボタンがもしプラスチックでないなら？……。いまの暮らしは、プラスチック（ポリマー材料）が支えているのです。

天然素材がどんどん減っていくのを悲しむ人もいるでしょう。けれど、まだ残る天然素材を使いやすくし、あるいは劣化や腐食を受けにくくするのにも、化学の知恵と技術を使います。つまり化学者は、すばらしい新材料をつくると同時に、伝統の天然素材を長持ちさせる方法もあみ出してきたのです。[*10]

セラミックス・ガラスと化学

目覚ましい材料革命のうち、プラスチックはごく一部にすぎません。化学の知恵から生まれる**セラミックス**も、たとえば自動車のエンジンに使い、車体の軽量化と輸送の省エネ化を進めてきました。大昔から茶碗や皿や壷の素材になり、暮らしを助けてきたセラミックスも化学の製品だという事実は、意外に気づかないことなのですが。

いまやセラミックスは、組成をこまかく設計する先端化学の素材です。ときには驚くべき性質が見つかります。その筆頭が、１９８６年に見つかった**超伝導**でしょう。[*11] セラミックス超伝導体は、まだ超低温だとはいえ、それまでの金属よりずっと高い温度で、電気抵抗ゼロの超伝導を示しました。室温で超伝導を示す物質が見つかれば、産業への応用は計りしれません。ただし当面、セラミックスを線材や膜にするのがむずかしいため、実用化への道はまだ手探り状態ですけれど。

セラミックスの仲間になる**ガラス**は昨今、**光ファイバー**として情報通信に大活躍中です。光ファイバーには、砂を精製してつくるシリカ（酸化ケイ素 SiO_2）を高温で融かし、冷やした石英ガラスを使います。何百年も前から化学者はガラスの組成をいじり、たとえば色鮮やかなステンドグラスをつくってきました。

初期の**色ガラス**は、ガラス職人の試行錯誤から生まれたため、まだ化学の産物とはいえません。いまは化学者が組成を工夫し、みごとな色ガラスをつくります。[*12] 光ファイバーの素材なら、透明度をとことん上げるほか、光が長い距離を進むよう、ファイバー内部の屈折率分布をこまかく設計することになります。

世界を鮮やかにする化学

かつて庶民の暮らしには色が乏しく、衣服の色もさえないものでした。鮮やかな衣装をまとえたのは、高価な天然色素を買える王侯貴族や富裕層だけ。たとえば、地中海の貝を原料にしたチリアン・パープル（古代紫）は、1万2000個の貝から1グラムしかとれないため、せいぜい衣装の縁や裾を染めたくらい。住まいを彩る群青には、はるばるアフガニスタンから輸入したラピスラズリ（金青石。和名「瑠璃《るり》」）という鉱物を使っていました。

鮮やかな**合成染料**を生み出したのは、英国の化学者ウィリアム・パーキン（1838〜1907）です。18歳だった1856年、大英帝国の兵士と役人をマラリアから救おうと、まだ分子構造もわからないキニーネの合成に挑みます。キニーネの合成は失敗でしたが、きれいな物質ができました。アニリン系やモーブ系の**染料**です。彼の染料は、兵士の代わりに貝の命を救ったうえ、英国に一大化学産業を興しました。つまりパーキンは、自分の財産ばかりか国家の富も生む発明をしたのです。

やがて続く化学者たちが、ありとあらゆる色の染料をつくります。くすんだ色が命の迷彩服はさておき、強烈に自己主張する原色から、控えめに華やぐ色まで、文字どおり多彩そのものです。キラキラ輝く素材や蛍光色も含め、色の広がりは果てを知りません。しかも布は色あせがなく、クリーニングでも色落ちしないのはご存じのとおり。

布に使う染料のほか、無機・有機の**顔料**《がんりょう》もいろいろできました。[*13] そうした色材に加え、建物用の**塗料**や、着色できるアクリル板なども続々と生まれます。家庭用の塗料も、流れぐあいがちょうどよく、風雨にもやられず、どんどん多様な色になりました。塗った直後は目立つのに、しだいに退色して環境に溶けこんでいく色材もあります。

テレビやパソコンのカラー表示も、化学者の作品でした。場所をふさいで消費電力も多いブラウン管の時代はもう終わりかけ、いまや**液晶表示**やプラズマ表示、有機ＥＬ（有機発光ダイオード）表示の時代です。液晶にも有機ＥＬにも、電場や電気エネルギーに応答する特別な分子を使います。

通信・コンピュータと化学

コンピュータの心臓部にある**半導体**も、まさしく化学知識の恵みです。昨今、化学のいちばん大きい成果は、デジタル世界をつくる材料の開発かもしれません。半導体も、銅線を駆逐しつつある光ファイバーも、情報をきれいに表示するディスプレイも、化学者がつくる材料なしには働かないのですから。

分子1個の構造変化をスイッチやメモリーに使う**分子コンピュータ**の発想があります。いままで、突飛に思える発想あれこれが日の目を見てきたことを思えば、分子コンピュータの発想も、いつの日か実を結ぶかもしれません。そうなれば、計算パワーがぐっと上がり、想定外の小型化にもつながります。材料づくりに興味のある読者は、ぜひその分野に進み、コンピュータの革命に手を貸してください。

物理学の方面では、やはり未来志向の「量子コンピュータ」が話題になります。発想は物理学でも、化学者が適切な材料をつくらないかぎりモノにはなりません。

医薬と化学

化学が人間に（そして家畜たちにも）くれた恵みのうち、最高位にランクしてよさそうなのが、**医薬**の開発でしょう。化学者は、病気の治療と予防に役立つ化合物を次々とつくってきました。痛みを消す**麻酔薬**ひとつとっても、ありがたみがよくわかりますね。ほんの200年前なら、手や足の切断手術を受けるとき、痛みに耐える手段は、せいぜいブランディーか歯ぎしりくらいでしたから。

次に大きいのが、**抗生物質**の発見・利用でしょう。[*14] つい100年前なら、感染症は命を奪う病気でした。いまや、ペニシリンをはじめとする抗生物質が命を助けてくれます。抗生物質の利用はこれからも進むでしょうが、身変わりの速い微生物（耐性菌）とのイタチごっこにも注意するのが肝心です。

近ごろ製薬企業は、儲けをねらいすぎだの独占主義だのと悪評の的ですが、私たちの健康を守り、病気を治療・予防するという気高い精神は評価しましょう。新薬づくりは、まさに化学者の仕事なのです。

あいにく新薬の開発には巨費がかかります。コンピュータが薬剤の分子設計をしやすくした結果、動物実験を減らせるようになってきました。でも人体に異物（薬剤）を入れるわけなので、新薬の開発にあたる化学者は慎重そのものです。なにしろ、長年に及ぶ研究開発も、最後の試験が失敗ならすべて水の泡になるのですから。

遺伝子と化学

1953年に**DNA**（デオキシリボ核酸）分子のつくりがわかって、生物学は化学に変身をとげました。[*15] DNA分子の構造解明が拓いた**分子生物学**は、化学の知恵で生物の機能を調べる分野です。

分子生物学者とよばれる化学者たちは、生命活動と遺伝の心臓部に通じる扉を開き、分子レベルで生命現象をつかむ道を敷きました。また、**法化学**を刷新して犯罪者を正しく裁けるようにしたほか、人類学をも様変わりさせています。

化学者が生命に関心を向けたのは、伝統の有機化学・無機化学・物理化学が成熟し、生物の体内で進む複雑きわまりない反応を解き明かす準備が整ったころでした。とりわけ知りたいのが、ヒトの体内で進む化学反応です。化学の知恵を動員し、病気の治療と予防に腕を振るえる状況ができたのです。

分子生物学の道に進む読者には、ゲノミクス（遺伝子の総体の解明）とプロテオミクス（タンパク質の総体の解明）が、重要テーマになるでしょう（第7章）。分子生物学を切り拓いた偉大な科学者の肩にしっかりと立ち、病気に挑む分野です。

化学の暗部

① 化学兵器

化学には、むろん暗部もありました。過去を振り返るとき、化学が人間の殺傷能力を高めた事実を忘れるわけにはいきません。
戦時中の**毒ガス**開発も、爆薬の改良も、手を貸したのは化学者です。たとえばドイツのハーバー（56ページ）は、空気中の窒素からアンモニアをつくって食糧増産につなげた半面、第一次世界大戦では、毒ガス（**化学兵器**）の開発も率いました。どちらを重くみるかは人さまざまでしょうけれど、ゆくゆく化学兵器が全廃された暁には、正味でプラスの評価が残るだろうと私自身は思っています。

化学兵器を使うかどうかは政治の話ですが、化学兵器をつくった化学者が非難されるのは当然です。使った結果がどうであれ、化学兵器は悪そのものですから。同調しない強大国もまだあるにせよ、世界人口の98％を占める国々が、いま化学兵器を非人道的な武器とみています。全面禁止となる日を心待ちにしましょう。

② 化学事故

ときには予想外の「化学戦争」も起こります。1984年にインドのボパール市で起きた化学プラントの事故がそうでした。ユニオンカーバイド社の工場で化学反応が暴走した結果、公式発表によれば直接の死者が4000名で、以後2週間後以内の死者を合わせて8000名が命を落とし、負傷者が50万を数えています。本物の戦争で、化学兵器がそれほどの犠牲者を出した例はありません。

殺虫剤をつくる中間体イソシアン酸メチル（CH_3NCO）をタンクに入れすぎていて、十分に冷やしていないそのタンクに水が混入しました。当時は殺虫剤の需要が減っていたため、実際には使わない中間体が過剰に貯蔵されていたのです。タンクになぜ水が混入したのかはわかっていません。待遇に不満をもつ労働者の妨害工作、というのが企業側の言い分ですが、安全装置の誤作動とか、そもそも安全装置がなかったとか、あっても作動しなかったとか、ほかの説もあります。

ともかく現実に反応は起きてしまい、30トンの毒性ガスが大気に出て、住宅が密集した近隣地区を襲いました。住民の多くが命を落とし、計りしれない身体上・精神上の苦痛を与えたことになります。

むろん化学工場の事故は珍しくありません。化学製品のプラス面より、事故のマイナス面を重くみる人もいるでしょう。とはいえ、ボパール規模の大事故はめったに起きません。大きな犠牲から学んだ教訓をもとに、工場の設計と操業条件を改善する結果、暮らしにプラス作用があると期待するほうがよろしいでしょう。

爆薬と化学

化学が生み出す**爆薬**は、戦争用の機関銃や迫撃砲に使えば「暗部」でしょうけれど、鉱山や採石場で使えば恵みになります。爆薬とは、きっかけ（起爆作用）を与えると高速の反応が起き、そのとき大量の気体分子ができる物質をいいます。どっと生まれる気体が、とてつもない衝撃を生むわけですね。

初期のころ、爆薬といえばほとんどが**火薬**でした。火薬には、**酸化剤**（硫黄、硝酸カリウムなど）と**還元剤**（炭素＝木炭など、酸化されやすい物質）を混ぜたものを使います。第４章で眺めたとおり、炭素の電子が、原子を引きずりながら酸化剤に移っていくとき、大量の気体分子ができるのです。

反応が速いほど、爆発の衝撃は強くなります。だから化学者は、サッと反応する物質や混合物を開発してきました。理想の爆薬は、酸化剤と還元剤を混ぜたものではなく、酸化性の部分と還元性の部分をもつ１個の分子です。超高速の電子移動が分子内で起き、結合が組み替わる結果、どっと気体分子ができるわけですね。

究極の分子が、ニトログリセリンでした。不安定な分子だから、爆発させる瞬間までは安定にしておく必要があります。粘土の小孔にニトログリセリンをしみこませ、**ダイナマイト**をつくったのが、スウェーデンのアルフレッド・ノーベル（１８３３〜９６）です。彼が得た莫大な富を基金に生まれたノーベル財団が、１９０１年から、人類の未来を切り拓く研究と、平和に向けた活動を表彰することになりました。

環境と化学——グリーンケミストリー

化学の暗部には、第1章で触れた**環境汚染**もあります。そうとは知らずに起きたとはいえ、化学工場の排液や排ガスが環境を傷めたのは、まぎれもない事実です。

パーキン（116ページ）の染料工場が水路を赤や緑や黄色に染めあげて以来、暮らしをよくしようとする営みが、環境を汚してきました。いや、パーキン以降のことではありません。環境汚染は古代ローマ時代に始まっています。ローマ人はブリテン島（英国）の鉛鉱山を開発し、鉛のパイプや食器をつくっていました。グリーンランドの氷を分析すると、ローマ時代の層に大量の鉛が検出されるのです。

環境汚染を防ぐには、汚染した企業や個人を罰する法規制と、汚染が減るように発生源を変えるやりかたがあります。むろん後者のほうがいいに決まっていますね。そこで１９９０年代の末、行政と化学者が手を携え、発生源で汚染を減らそうという動きが始まりました。**グリーンケミストリー**の発想です。

グリーンケミストリーでは、化学製品の製造が環境に及ぼす害を減らすため、原料や製品そのものをじっくり見直します。そして、やむなく**廃棄物**が出るなら、その量もなるべく減らそうという営みです。

グリーンケミストリーの要点は、「出たゴミ（廃棄物）を始末する」のではなく、「ゴミを出さない」ことにあります。だから、原料がほぼそのまま製品になるような合成が望ましい。理想は、原料の原子が結合を組み替えるだけで製品になるような合成ですね。

グリーンケミストリー精神を守るには、製造法を見直したり、ときには原料を高価なものに変えたりする必要が生まれます。企業には収益面でも技術面でも負担が大きいため、産業界がなかなか乗ってこないという実情がありました。収益面や技術面の壁が高いなら、廃棄物も合成中間体も環境に出ない（せめて排出が最少になる）よう、製造法を工夫します。むろん、最終製品の毒性もできるだけ下げるのです。

原料や製品のほか、反応に使う補助的な物質（**溶媒**など）にも注意します。ふつう溶媒は、プラント内でリサイクル（回収・再利用）するとき、漏れて環境に出やすいのです。そこで分析化学者は、小規模実験で溶媒の漏れを確かめ、漏れた溶媒が空気中でどんな反応をするか調べたりします。

化学合成に使う原料を、有限なもの（石油）から再生可能なもの（植物など）に切り替えようというのも、グリーンケミストリーの発想です。そうすれば、地下資源の枯渇が防げます。また、植物体は大気中の二酸化炭素からできたため、植物体を酸化させても大気の二酸化炭素は増えません。[*16] つまり、一石二鳥の策だというわけです。

室温よりも高い温度や低い温度で進める反応は、加熱や冷却にエネルギーを使います（ふつう消費エネルギーは冷却のほうが多い）。そのとき化石資源を消費するし、化石資源が燃えれば二酸化炭素が出ます。だから、なるべく常温の反応にしよう――というのもグリーンケミストリーの考えかたです。

反応そのものも見直したい。たとえば医薬は通常、何段階もの反応を経て最終化合物にします。段階のそれぞれでは、特有な条件と試薬、溶媒を使う。そうではなく、原料→最終化合物の段階数をなるべく減らす（できれば1段階にする）工夫をして、きれいな合成を目指そうというわけです。

グリーンケミストリーでは、製造のあとにも心を配ります。つまり製品の一生を考え、廃棄後の製品も、廃棄物が分解してできるものも、毒性がなるべく低くなるようにする。もし環境に出るなら、分解して無害になるようにする。「ゆりかごから墓場まで」ともいわれるその発想を、**ライフサイクルアセスメント**（ＬＣＡ）といいます。

製造段階で起きるかもしれない（ボパールのような）事故も想定し、事故が起きても製品や貯蔵物が環境を傷めないようにすべきです。大事故を減らすには、反応に使う物質のすべてと、反応条件、貯蔵容器などをきちんと分析しておく。ポパールの例でわかるとおり、安全確保につながる監視も欠かせません。

以上のすべてに注意するのがグリーンケミストリーの考えかたです。化学産業が引き起こしかねない悪影響を減らし、なるべく起きないようにするのも化学の役目――という発想だといえます。むろん、利益を追い求める企業にとって、社会的（環境的）責任を第一に考えるのはむずかしいのですが、形ばかりの規制に従うだけでは、いざというときの代償が大きい――そう心得るべきでしょう。

自然界に手をつけると、パンドラの箱を開けるのに似て、しっぺ返しが必ずきます。天然資源の物質をいじり、原子のつながりを変える化学は、人工物を自然界に放出し、ひ弱な生態系を乱しかねません。そこに責任が伴うのです。自分たちが環境を汚しているなどと誰も思わなかった時代は、１９６０年代までのこと。いまは化学産業も、社会的責任をしっかり認識している時代だといえます。[*17]

とはいえ、化学にからむ環境問題を解決するのは、やはり化学です。暮らしのほぼ全局面をよくするカギは、化学がにぎっています。

化学は、健康な暮らしと、病気の治療・予防を物質面で支えてきました。電子材料や光材料をつくって通信を進化させました。すぐれた燃料をつくり、燃焼効率を上げ、有害物質を無害にする触媒を開発し、太陽電池の材料を生んで再生可能エネルギーへの道を拓いたのも化学でした。

そんな化学がこれからも進化を続け、環境汚染の浄化と予防に大きな力を発揮する、と私は確信しています。

自然の不思議を解く化学

いままでは目に見える恵みを考えました。じつのところ化学の恵みは、目に見えないところにもあります。化学は、岩石から生物まで、物質のつくりと性質をつかむ学問でした。物質世界の根源をつかんだうえ、自然界の驚異に分け入る力がつけば、それだけでも楽しいし、ひいては人生が豊かになるでしょう。

目の前に石ころがあるとします。どんな原子がどうつながっているのか知っていれば、石はなぜ硬いのか、なぜキラキラ光る部分があるのか、なぜ割れやすいのか、なぜ風化するのかがわかります。目の前にあるのが金属なら、たたくとなぜ広がるのか、引っ張るとなぜ延びるのか、曲げ続けたとき折れやすい金属と折れにくい金属があるのはなぜか、鋼と軟鉄はどこがどうちがうのか……などがわかる。宝石なら、きれいな色は何がつけ、ガラスは透明なのに木はなぜ不透明なのか……ということもわかるのですね。

かつては謎だらけだった生物界も同様です。葉っぱはなぜ緑なのか、バラはなぜ赤いのか、ハーブや刈り草はなぜ香るのか？ 生命のみごとなしくみも、化学が少しずつ解き明かしてきました。いつの日か、私たちがものを考え、驚き、いろいろなことを理解するときに脳内で進む化学反応も、明るみに出ることでしょう。

素粒子は化学の守備範囲外ですけれど、素粒子からできている原子は化学で扱います。化学は原子のつくりをもとに、元素が個性をもつ理由や、できる結合とできない結合があるわけを教えてくれます。そうした知恵を武器にして、宇宙にない分子や物質もつくれるのが、化学の真骨頂です。

食べ物がおいしそうな匂いを漂わせ、織物が鮮やかな色に見え、ものが特有な質感や触感をもち、水がものを濡らし、春夏の青葉が秋に赤くなる……といった出来事の背景も、化学が教えてくれます。とはいえ化学者も、しじゅうそんなことを考えながら生きているわけではありません。のんびりした心で自然の美しさに浸るのも、人生の楽しみというものです。けれど化学は楽しみに「深さ」を恵みます。折りに触れ、見た目の美しさの奥にあるミクロ世界を思いやる力がつけば、豊かな人生を送れるでしょう。

［訳注］

＊1　アリストテレス（紀元前384〜322）が完成したといわれる4元素説は、17世紀までの2000年以上もヨーロッパ社会に浸透した。なお、土・水・空気は物質の三態（順に、固体・液体・気体）、火は熱（三態変化を促すもの）を意味したのかもしれない（サイエンス・パレット002『周期表』、011『元素』参照）。

＊2　日本の環境省にあたる米国のEPA（環境保護局）は、1980年代の後半、塩素殺菌の害を過大評価する報告書を発表した。心配になったペルー政府が1991年に飲み水の塩素殺菌をやめたところ、100万人近い国民がコレラにかかり、3年間で1万人近くが亡くなっている。

＊3　2012年現在、遺伝子組換え作物は31か国が栽培し、総作付面積は約1億7000万ヘクタール（日本の耕地面積の37倍）にのぼる。うち4割を占める米国では、ダイズの97%、トウモロコシの90%までが遺伝子組換え品になった（2013年統計）。原著者の「賛否両論がある」という見解は、英国が（日本と同様）まだ栽培に踏み切っていないせいだろう。

＊4　全世界で固定される窒素（年3・8億トン）の内訳を現象ごとにみると、根粒菌が47%、アンモニア合成が42%、その他（雷など）が11%を占める（2010年の推定）。

＊5　石炭は埋蔵量が多く、全世界がいまのペースで使い続けても150〜200年はもつといわれる。また、かりに

米国が国産の石炭を自国だけで消費し続けるなら、枯渇まで1000年かかるとの予測がある。

＊6 ある面積に降り注ぐ太陽エネルギー総量のうち、植物が光合成で有機物に変えるエネルギーの割合（太陽光エネルギー変換効率）は、理想的な生育条件のもと、短期間（1～2週間）のピーク値でも2～3％にすぎない。栽培植物が生育期間（イネなら約5か月間）を通じて示す平均の最大値は約1％、野生生物が通年で示す平均値は0・2～0・3％にとどまる。かたや太陽電池の変換効率は市販品で10％を超すため、「エネルギー変換」だけに注目するなら、光合成を讃える余地はない。

＊7 炭化水素がもつエネルギー（化学エネルギー）のうち、車のエンジンは20％程度を動力（力学エネルギー）に変え、火力発電は40％程度を電力（電気エネルギー）に変える。こうした数字を変換効率といい、残る80％や60％は熱に変わる（ただし、力学エネルギーも電気エネルギーも、最後は熱になって周囲を暖める）。燃料電池の場合、化学→電気の変換効率は40％程度だが、反応で出る熱も利用できれば総合効率は70～80％になるという。

＊8 濃縮（3％）ウラン燃料1トンの場合、使用前はウラン-238が970kg、ウラン-235が30kgのところ、使用後はウラン-238が950kg、ウラン-235が10kg、プルトニウムが10kg、その他が30kgとなる。うちプルトニウムは半減期が2万4000年と長いため、超長期にわたる安全な保管を要する。

＊9 全世界で使う原油を用途別でみると、およそ5割が運輸用燃料、2割が発電用燃料、2割が石油化学工業の原料、1割が暖房用燃料になる（くわしい数値は時代で変わる）。

＊10 家具や建材にする木材さえ、製材して乾かした木そのままではなく、ポリマーをしみこませて（樹脂含浸法）形や寸法が変わらないようにしたものが多い。

＊11 セラミックス超伝導体の発見者、ドイツのゲオルク・ベドノルツ（1950～）とスイスのアレキサンダー・ミュラー（1927～）が1987年のノーベル物理学賞を受賞した。

＊12　ステンドグラスやベネチアグラスの鮮やかな赤は、サイズ10ナノメートル程度の金コロイドが生む。金を混ぜた赤いガラスはローマ時代にもあったが、赤色の正体を金コロイドだと見抜いたのは、1850年ごろのファラデー（30ページ）。

＊13　新幹線のボディに塗られ、何年も直射日光や風雨にさらされてビクともしない青や緑の顔料には、ヘモグロビン分子の発色部分（ヘム）やクロロフィル分子と似た構造の有機化合物（フタロシアニン）を使う。

＊14　生物の体は「栄養のかたまり」だから、捕食されやすい生物（体の小さい微生物と、動けない植物）は必ず、さまざまな毒（化学兵器）を体内にもつ。微生物が敵（微生物）を撃退するための毒が抗生物質で、いま5000種類以上が知られる。

＊15　DNAは、核酸塩基という小さい単位がいくつも（ヒトの場合は約30億個）つながった長い分子をいう。ヒトのDNAは、「分冊」にあたる23種の染色体をつなぎ合わせると全長およそ2メートル。DNA分子のうち、タンパク質合成の情報をもつ部分を遺伝子とよび、ヒトの遺伝子は2万数千個ある。簡単な計算で、DNA分子の全長のうち「遺伝子部分」は約2％しかないとわかる。

＊16　その発想を表す用語「カーボンニュートラル（大気中 CO_2 の収支ゼロ）」がいっとき流行した。しかし、植物体の輸送や加工では必ず化石資源を使う（CO_2 を出す）ため、真の「ニュートラル」はありえない。ときには、植物体を原料にすると化石資源の消費量がかえって増える。

＊17　日本でグリーンケミストリー運動は20世紀の末に始まった。現在、新化学技術推進協会の「グリーン・サステイナブルケミストリーネットワーク会議」や、日本化学会と高分子学会の「グリーンケミストリー研究会」が活動を続けている。

第7章
化学の未来

化学の先端ではどういうことが話題になり、どんな物質や材料が研究されているのだろう? 素材のうちでナノ材料は、発想の新しさと応用の広さが大きな注目を集め、そのうちコンピュータを刷新するかもしれない。

超ウラン元素

２０１０年からいままでに、元素は三つ増えました。[*1] ウランより重い**超ウラン元素**です。周期表が拡がり、化学者の「手駒」が増えた感じですけれど、あいにくそうはならないでしょう。超ウラン元素は放射性のため、放射線を出しながらほぼ一瞬のうちに消えてしまいます。

また、できる量も数個の原子しかありません。

いま合成報告のある元素118個のうち、最後に名前がついたのは116番のリバモリウムです。113・115・117・118番はまだ「名無し」だから、私たちが知っている元素は114個となります。理論によると、126番は**安定性の島**にあり、前後の元素より寿命がずっと長いらしい。[*2] そういう理論上の興味は大きいのですが、化学の分野で「使いモノ」になるとは思えません。

超微量と超短時間

化学者の手駒は、もう十分です。昨今は計測法を改良し、感度と精度の向上を目指しています。ただし、超微量を検出する能力は、恵みでも災いでもありました。

たとえば、超微量の放射性物質を特定・定量する技術は、テロリストの追跡に役立ち、死傷者を減らすのに貢献しますね。けれど、何を分析しても毒物が見つかるようになったせいで、一部の人たちが無用の騒ぎを起こしてきたというマイナス面もあるのです。[*3]

目に見えるサイズの試料を調べ、ミクロ世界の出来事を思いやるのが、かつての化学でした。いま分析技術はどんどん進み、わずか数個の原子や分子も扱えます。うまくいけば、分子

1個1個がどう働き合い、どの結合が弱まったあげく切れ、新しくどんな結合ができるのかを直接観察できるでしょう。化学者（少なくとも物理化学者）の夢がいま現実になろうとしているのです。

出来事を「見る」時間（**時間分解能**）も、ますます短くなっています。いまや、分子の動きを**フェムト秒**（1000兆分の1秒）台で観測する技術もできました。[*4] いずれは、電子さえ止まって見える**アト秒**（フェムト秒の1000分の1）台に届くでしょう。そのとき化学は、物理学の領域に入るのです。

最小の「物質」

どんな物質も、原子やイオンや分子の集まりでした。では、何個の粒子が集まれば、目に見えるサイズのものと同じ性質が現れるのか？　たとえば、何個の H_2O 分子が寄り集まれば、「氷」といえるのでしょうか？

くわしい研究の結果、275個から氷らしくなり、475個（一辺が分子8個の立方体）を超したあとは、正真正銘の氷になるようです。そういう知識は、高空で雲ができるしくみや、液体が凍るしくみを調べるのに役立つでしょう。

超低温の原子集団は、**量子力学**に従うせいで、奇妙な性質を示します。[*5] 身近なものも含めた万物は量子力学に従うけれど、常温のマクロ世界にあるもの（ひとつまみの食塩など）が示すのは、おびただしい粒子の量子力学的ふるまいが「塗りつぶされた」平均的な性質なのですね。

超低温の原子集団など、化学にはいっさい縁がないのでは？……といぶかる読者もおられましょうが、じつはそうでもありません。極小サイズのコンピュータにつながる可能性もありますので。

ナノの世界

量子効果[*6]は、常温でも観測できます。少数の原子や分子からでき、サイズ100ナノメートル（1万分の1ミリ）ほどの**ナノ材料**の世界です（ナノの語源はギリシャ語 *nanos* ＝小人）。原子1個（0・1ナノメートル）とマクロ物質（0・1ミリ以上）の中間です。ナノ材料を調べる分野を**ナノ科学**、もっぱら応用を考える分野を**ナノテクノロジー**（ナノ技術）とよんでいます。

どんなフロンティアも胸躍る世界ですが、ナノの世界も、胸躍らせる化学のフロンティアです。量子効果がくっきり現れるほど小さいナノ粒子の世界では、完成品とされる熱力学も、見直しが必要になるかもしれません。ナノの世界を調べて理論を整え直し、未知に近かった物質のふるまいを解き明かすのは、物理化学者の役目でしょう。また、素材をつくる有機化学者や無機化学者の出番でもあります。

ナノ物質は、「トップダウン」法か「ボトムアップ」法でつくってきました。トップダウン法では、大理石を削っていく彫刻家のように、マクロな材料を削ってナノ構造にします。かたやボトムアップ法では、原子や分子を積み上げてナノ構造にする。ボトムアップ法のうち、おもしろいのが**自己集積法**です。数種類の分子を混ぜてほうっておけば、ひとりでにナノ構造ができていく。ジグソーパズルのピースたちが、ひとりでに絵をつくっていくようなものだといえましょう。

いま化学ではナノ科学とナノテクノロジーがホットです。ナノに特化した研究所もあちこちにできました。ナノ材料の有望さを思えば、それもうなずけます。ナノ材料には分野融合・分野横断的な応用がいくつも考えられるからです。

たとえば、伝統のシリコン太陽電池をしのぐ**太陽電池**ができるかもしれません。血糖値（血中グルコース濃度）を測るセンサーに適したナノ材料もあります。その一例、カドミウム系の材料を調べたところ、毒性のカドミウムを体内に入れるのはまずいという見かたに反し、サルを使う実験で安全性が確かめられました。

ナノロッド（棒）やナノワイヤー（線）、ナノファイバー（繊維）、ナノウィスカー（針）、ナノベルト（帯）、ナノチューブ（管）などもでき、ナノマシンやナノコンピュータへの応用が検討されています。

分子コンピュータ

コンピュータの超小型化にも、化学の出番があるでしょう。コンピュータは、巨大で消費電力も多い1950年ごろの試作品[*7]を原点に、能力アップと小型化がどんどん進み、暮らしと社会を変えました。サイズがメートルからセンチへと100分の1になり、体積が（重さも）100万分の1になったうえ、計算パワーが激増したのです。いずれ**分子コンピュータ**が日の目をみれば、途方もない変革だといえます。

コンピュータの性能は、メモリー容量と演算速度で決まります。メモリーのほうは、分子1個の構造を変え、構造を保ったまま観察できるようになればいい。同じ分子でも、ある形のときを1、別の形のときを0とする。たとえば、棒状の分子に環状の分子を通し、環状分子を「棒」の左右どちらかの端に寄せて固定する方法ができています。

メモリーよりむずかしいのが、入力に応じた出力をとり出す演算です。化学だと、入力に応じた反応が進むようにすればよろしい。たとえば、2種類の分子が出合って発光するなら、その光を出力にするわけです。

自然界には、分子コンピュータのお手本があります。いままで何度か触れた**DNA**を使うデータ（遺伝情報）の記録と読み出し（翻訳）のしくみです。[*8] また、私たち自身の記憶は、脳内に（しくみは不明ですが）物質の形で蓄えられています。記憶はしじゅう新しくなるため、巨大ながら「揮発しやすい」データベースだといえましょう。

コンピュータを「つくる」段階を超え、DNAのように「複製する」のはまだ夢物語ですけれど、そのヒントが少しずつ見つかっているようです。

二次元のすぐれもの

最近、二次元（平面）の目覚ましい材料が日の目をみました。原料は、鉛筆にも使う炭素の同素体、**グラファイト**（黒鉛）です。炭素原子が金網に似たシートをつくり、シートどうしが滑り合いやすいため、鉛筆で字を書いたとき、簡単にはがれて紙に移ります（グラファイト自体を使う潤滑剤もある）。シート1枚1枚を**グラフェン**とよびます。シートの作成法を見つけたロシア生まれのアンドレ・ガイム（１９５８〜）とコンスタンチン・ノボセロフ（１９７４〜）が、２０１０年のノーベル物理学賞を受賞しました。

物理学者に栄誉を授けたグラフェンは、いずれ画期的な材料になるかもしれません。なにしろ抜群に高い強度を誇りながら（強さは鋼の２００倍）、ものすごく軽いのです（1平方メートルが1グラム未満）。ノーベル賞の授賞理由に、「重さが猫のヒゲ1本分しかない1平方メートルのハンモックに、4キロの猫が乗れる」と書いてあります。

グラフェンの電子的・熱的・光学的性質も注目を集めます。応用のひとつは、凸凹の表面にも貼れるスピーカーでしょう。また、六角形の穴は水分子しか通さないため、ロシア人が好きなウォッカの常温蒸留に使えそうです。

二次元の宝物を前にして、化学者は何をしようというのでしょう？　まだ実験段階ですが、混合物から特定の分子を分けとる「ふるい」や、海水の脱塩（飲料水づくり）に使う試みがあります。また、グラフェンは気体の分子を吸着しにくいのですが、表面（グラフェンはほぼ全体が表面）を化学変化させ、気体を感知するセンサーにできるかもしれません。気体がくっつくとグラフェン層の電気伝導性が変わる性質を使うセンサーです。

むろん化学者は、ほかの物質も「二次元ワンダーランド」の住民にならないか、また、グラフェンの欠点を消した材料ができないかと考えます。電気化学法を使い、硫化モリブデンや硫化タングステン、炭化チタン系化合物が、グラフェンに似た構造の材料になるとわかりました。新材料の一部は（グラフェンにはない）半導体性を示し、それを利用したミニ集積回路もできています。

グラフェンを化学変化させるのもむずかしくありません。酸化して得た酸化グラフェンをシート状にした「グラフェン紙」は、電気伝導性や熱伝導性、光学特性、力学特性をチューニングできる材料になりそうだ、と材料科学者がみています。

賢い材料

化学者と材料科学者、物理学者、生物学者、工学者が協力しつつ開発する新材料の世界は、目移りするほど広いのです。以下では、不思議いっぱいの洞窟に案内されたアラジンの気分で、本命を指し忘れるのではと恐れながら、思いついたものを少し指さすのが精いっぱいです。とはいえ、わずかな例だけでも、彼らの共同作業で変わる暮らしの感触なりと、おわかりいただけることでしょう。

たとえば、セルフクリーニング（自己洗浄）ガラスがあります。ガラス拭きの手間がいらないそのガラスは、**光触媒反応**という化学反応をもとに、原子間や分子間の引き合い・反発の理解から生まれました。表面の酸化チタンを**超親水性**（水になじむ性質）にしたものです。光を吸収した酸化チタンは、強い酸化力で表面の汚れを分解します。分解後の化合物はふつう親水性だから、雨水がかかればすぐ流れ落ち、汚れのあとも残りません。[*9]

体表の温度で色を変える**スマート繊維**もあります。体表の温度は、気温や湿度に応じて変わるほか、ときには感情の動きでも変わるため、工夫をしておけば、気分に応じた色合いにできるでしょう。見た目のきれいな色が出て、着用中にしわが寄らず、クリーニングにも耐える賢い布ができるかもしれません。

賢い触媒

化学産業の命は**触媒**でした（第3章）。産業のほか触媒は、内燃機関が生む大気汚染を減らす主役にもなっています。車の排気口につける触媒コンバーターは、エンジンがまだ冷たくて汚染物質ができやすいうちに働き始め、高温になっても働き続けます。

コンバーターの触媒は、窒素酸化物→窒素の還元と、一酸化炭素→二酸化炭素の酸化、燃えきらなかった炭化水素の酸化（完全燃焼）を進める「ひとり三役」のスグレものです。[*10] その触媒は、エンジンの作動中に起きるリーン燃焼（燃料不足）とリッチ燃焼（燃料過多）の変動にも、加速したときのサージ（不規則動作）にも応えなければいけない。化学者は、そういうさまざまな要求を満たす触媒をつくってきました。

ゲノミクスとプロテオミクス

何度か触れたとおり、病気の治療と予防に役立ち、痛みをなくし、寿命を延ばす薬剤の開発は、化学の大きな貢献でした。ある薬剤に体がどう反応するかは個人個人でちがい、その背景にあるのが、個人差0・1％ほどの**ゲノム**（遺伝子の総体）です。**ゲノミクス**という分野では、タンパク質合成に働く個人特有の遺伝子を特定し、働きをつきとめ、薬理ゲノミクス（薬剤と遺伝子の働き合いの研究）につなげます。そういう**テーラーメイド医療**に向けた研究も進んできました。

生命活動のコアにあるのは**タンパク質**ですが、たいていの薬剤は、タンパク質のどれかに作用して薬理効果を発揮します。すると、薬剤が作用するタンパク質を特定できれば、新薬づくりの大きな指針になりますね。それに役立つのが**プロテオミクス**（タンパク質の総体を調べる研究）です。

薬化学とコンピュータ化学を車の両輪にする新薬づくりでは、まずプロテオミクスの成果を使い、病因となるタンパク質を特定します。その働きを邪魔する分子が薬剤ですね。そこでコンピュータを使い、候補タンパク質に結合して活性部位をふさぐような分子を設計するのです。そうした研究も、むろんテーラーメイド医療につながります。

知の蓄積へ

以上、先端化学の応用面を少し紹介しましたが、化学の進歩は応用面だけではありません。なるほど応用や実用化はメディア記事になりやすく、暮らしを変えていくものです。けれど化学者は、物質のことをさらによく知り、物質がどんな変化をするのかという根元の部分も研究してきました。

自然界（とりわけ生物界）は、化学現象の宝庫です。生物の体内で進む分子レベル現象がわかるにつれ、つまり自然の知恵を学ぶにつれ、胸躍らせるしくみによく出合います。そんなしくみは、たちまち応用につながるものではなくても、人類にとって最大の価値をもつ営み、つまり知の蓄積につながるのです。

知の蓄積は、**基礎研究**がなしとげてきました。誰ひとり予想しなかった発見や、想定外の解釈などは、いずれ想定外の応用につながるかもしれません。

そんな発見をひとつだけ、最後にご紹介しましょう。分子が**三つ葉結び目**（別名クローバー結び目）[*11]をつくるというおもしろい発見です（２０１２年10月『サイエンス』誌）。報告に接したカリフォルニア大学ロサンゼルス校の有機化学者フレイザー・ストッダートが、「有機合成化学と有機物理化学の画期的な成果。いちばんエレガントな形の立体化学だろう」と絶賛しています。

いまの化学は、そういう知的な楽しみも恵んでくれるのです。

本書をお読みになって、読者が化学に抱いていた「負の記憶」を少しでも忘れ、化学の意義とおもしろさを私と共有していただけたでしょうか？

［訳注］

＊１　第１章の訳注３参照。

＊２　電子が「雲の層」を満杯にすると、原子は安定になる（24ページ）。それと似て原子核も、核内の陽子と中性子が特別な個数（マジックナンバー）なら安定になる。２０１２年に名前がついた１１４番元素フレロビウムのうち、「陽子１１４個＋中性子１８４個」の核は「安定性の島」にあると予想されるが、合成できた同位体の中性子は１７４個だから、寿命（数秒）は周辺元素よりずっと長いものの、「島」への上陸はだいぶ先だろう。なお、原著者がいう「１２６番」は、まだ合成のメドがたっていない。

＊3　20世紀の後半には、分析機器の感度がほぼ10年で１０００倍ずつ上がった時期がある。その結果として現在、たとえば生体組織を分析すれば水素から白金や金を経てウランまでの全元素がつかまるし、試料１グラムを分析したとき、ものによっては１兆分の１グラム以下の元素や化合物が検出できる。20世紀の末に起きたダイオキシンや「環境ホルモン」の騒動も、そんな流れの上にあったといえよう（第4章の訳注10も参照）。

＊4　光の吸収（分子が基底状態から励起状態へ移る現象。89ページ）は１フェムト秒ほどで起こる。原子間の結合が１回だけ振動する時間はその10～１００倍だから（90ページ）、光を吸収する分子の中で、原子核はほぼ「止まっている」とみてよい（理論計算で使う「断熱近似」）。

＊5　たとえば、アインシュタインが１９２５年に予言し、約70年後に実証された「ボース＝アインシュタイン凝縮」が起こると、原子は粒子ではなく波の性質をくっきりと見せ、集団全体が「原子１個」のようにふるまい、「超流動」という現象が起きたりする。ボース＝アインシュタイン凝縮の研究では2件（６名）のノーベル賞が出た。

＊6　物質内の電子は飛び飛びのエネルギー準位をもつ（エネルギーの量子化）。準位どうしの間隔は粒子のサイズで変わり、呼応して吸収や散乱の波長つまり色が変わる（粒子が小さいときにだけ現れる量子効果）。たとえば金コロイドの色は、粒子サイズが10ナノメートル前後なら赤のところ（132ページ）、小さいと黄色っぽくなり、大きいと紫～淡青になる。

＊7　米国の陸軍が１９４６年に開発した世界初のコンピュータＥＮＩＡＣ（Electronic Numerical Integrator and Computer＝電子式数値積分計算機）は、真空管１万７４６８本、ダイオード７２００個、抵抗器７万個、コンデンサー１万個などからなり、総重量27トン、設置面積１６７㎡だった。

＊8　ＤＮＡの塩基配列は、毎秒60塩基もの速さで読みとられる。なお、おびただしい生体分子のうち、大切なＤＮＡだけには修復機構が備わっている。

＊9　光触媒の基礎になる半導体の光電気化学反応は、１９６７年に東京大学の藤嶋 昭氏（当時は修士課程１年。現東京理科大学学長）と故 本多健一氏が見つけた。藤嶋氏は１８９０年代から光触媒の実用化研究を進め、大きな産業分野を切り拓いている。

＊10　三つの有害物質を同時に無害化するため、「三元触媒」とよぶ。三元触媒には、白金とパラジウム、ロジウムを使う。

＊11　現物のイメージはウェブ記事（http://en.wikipedia.org/wiki/Trefoil_knot）参照。論文は『サイエンス』誌のサイト（http://www.sciencemag.org/content/338/6108/783）参照。

元素の周期表

周期 \ 族	1	2	3	4	5	6	7	8	9	10	11	12	13	14	15	16	17	18
1	1 H 水素																	2 He ヘリウム
2	3 Li リチウム	4 Be ベリリウム											5 B ホウ素	6 C 炭素	7 N 窒素	8 O 酸素	9 F フッ素	10 Ne ネオン
3	11 Na ナトリウム	12 Mg マグネシウム											13 Al アルミニウム	14 Si ケイ素	15 P リン	16 S 硫黄	17 Cl 塩素	18 Ar アルゴン
4	19 K カリウム	20 Ca カルシウム	21 Sc スカンジウム	22 Ti チタン	23 V バナジウム	24 Cr クロム	25 Mn マンガン	26 Fe 鉄	27 Co コバルト	28 Ni ニッケル	29 Cu 銅	30 Zn 亜鉛	31 Ga ガリウム	32 Ge ゲルマニウム	33 As ヒ素	34 Se セレン	35 Br 臭素	36 Kr クリプトン
5	37 Rb ルビジウム	38 Sr ストロンチウム	39 Y イットリウム	40 Zr ジルコニウム	41 Nb ニオブ	42 Mo モリブデン	43 Tc テクネチウム	44 Ru ルテニウム	45 Rh ロジウム	46 Pd パラジウム	47 Ag 銀	48 Cd カドミウム	49 In インジウム	50 Sn スズ	51 Sb アンチモン	52 Te テルル	53 I ヨウ素	54 Xe キセノン
6	55 Cs セシウム	56 Ba バリウム	57 La ランタン	72 Hf ハフニウム	73 Ta タンタル	74 W タングステン	75 Re レニウム	76 Os オスミウム	77 Ir イリジウム	78 Pt 白金	79 Au 金	80 Hg 水銀	81 Tl タリウム	82 Pb 鉛	83 Bi ビスマス	84 Po ポロニウム	85 At アスタチン	86 Rn ラドン
7	87 Fr フランシウム	88 Ra ラジウム	89 Ac アクチニウム	104 Rf ラザホージウム	105 Db ドブニウム	106 Sg シーボーギウム	107 Bh ボーリウム	108 Hs ハッシウム	109 Mt マイトネリウム	110 Ds ダームスタチウム	111 Rg レントゲニウム	112 Cn コペルニシウム	113	114 Fl フレロビウム	115	116 Lv リバモリウム	117	118

ランタノイド（ランタニド）
アクチノイド（アクチニド）

周期															
6	58 Ce セリウム	59 Pr プラセオジム	60 Nd ネオジム	61 Pm プロメチウム	62 Sm サマリウム	63 Eu ユウロピウム	64 Gd ガドリニウム	65 Tb テルビウム	66 Dy ジスプロシウム	67 Ho ホルミウム	68 Er エルビウム	69 Tm ツリウム	70 Yb イッテルビウム	71 Lu ルテチウム
7	90 Th トリウム	91 Pa プロトアクチニウム	92 U ウラン	93 Np ネプツニウム	94 Pu プルトニウム	95 Am アメリシウム	96 Cm キュリウム	97 Bk バークリウム	98 Cf カリホルニウム	99 Es アインスタイニウム	100 Fm フェルミウム	101 Md メンデレビウム	102 No ノーベリウム	103 Lr ローレンシウム

訳者あとがき

理数系教科のうち、化学ほど暮らしに密着したものはありません。著者も何度か書いているとおり、生活シーンから化学の恵みをとり去れば、プラスチックも染料も大半の金属も、医薬も肥料も農薬もなくなって、石器時代の暮らしに近づくでしょう。

あいにく高校の化学は暗記モノだし、化学製品はときに環境を汚すため、化学の嫌いな人がいるのも事実です。ただし得失を秤にかけると、プラス面のほうが絶対に多い——と原著者は確信し、そんな化学の素顔を伝えようと本書を執筆しました。

化学者は、原子がどうつながり合い、つながって何ができるかを調べ、社会に役立てたい。ほかの学問と同様、化学の原理も美しい。原理の美しさと、研究成果としての恵みをわかりやすく伝えるには、何をどういう順に紹介すればいいのか?……その判断には、化学の全体像をつかみ、素材を取捨選択する眼力と筆力が必須でしょう。

世界的に名高い『物理化学』を始め、重厚な化学の教科書と一般書を計70冊も出してきた原著者アトキンスには、ぴったりの役回りです。訳者はたまたま、1000ページを超す同氏の教科書をいま邦訳中ですが（上巻を2014年初夏に刊行予定）、かゆいところに手の届く内容構成と卓抜な比喩や例示には、たびたび感嘆しています。

同氏は、最新刊となる本書に長年の執筆経験を集約し、ごく限られた紙幅のなかに、化学のエッセンスを盛りこみました。話の絶妙な流れといい、とり上げた素材の豊かさといい、化学畑で45年ほど過ごした訳者にも、教わる点がずいぶんあります。化学を勉強中の生徒・学生諸君はもとより、むかし習った化学を振り返りたい方々、化学の研究や教育を業務とする人々も、一読すれば数々の有益なヒントを得ることでしょう。

見ておわかりのとおり本書には、巻末の周期表1枚を除き、図表も写真もなく、反応式さえありません。言葉だけで化学を伝える営みは、神業に近いといえましょう。とはいえやはり舌足らずと思える箇所もあったため、少し補うとともに、関連のことも紹介する70個ほどの訳注を加えました。わかりやすくなったかどうかは、読者のご判断にお任せします。

丸善出版の長見裕子さんには、邦訳の制作でたいへんお世話になりました。

2014年2月

渡　辺　　正

ま　行

や　行

用 語 集

アニオン（anion）⇨ 陰イオン

アミノ酸（amino acid）　水素（H），アミノ基（H_2N-），カルボキシ基（$-COOH$），R（H または原子団）が炭素 C に結合した有機化合物 $H_2N-CH(R)-COOH$。R の種類に応じ，20 種ほどの天然アミノ酸がある。

アルカリ（alkali）　水に溶ける塩基。塩基の水溶液が示す性質をアルカリ性という。

イオン（ion）　電荷をもつ原子や原子団（陽イオン，陰イオンを参照）。

陰イオン（anion）　マイナス電荷をもつ原子や原子団。

塩（salt）　酸と塩基が中和したときに生じるイオン化合物。

塩　基（base）　水素イオン（陽子＝プロトン）を受けとる物質。

回　折（diffraction）　電磁波の通路にある物体や粒子が波を干渉させる現象。

化学結合（chemical bond）⇨ 結合

化学合成（chemical synthesis）　目的物質を（ふつうは単純な原料から）つくること。

化学種（species）　原子，分子，イオンなど。

化学分析（chemical analysis）　物質を定性・定量する操作。

化合物（compound）　複数の元素が結合した物質。

カチオン（cation）⇨ 陽イオン

還　元（reduction）　物質中の原子が電子をもらうこと。

求核試薬（nucleophile） 電子雲の薄い場所を攻撃する化学種。

求核置換反応（nucleophilic substitution） 求核試薬が起こす置換反応。

求電子試薬（electrophile） 電子雲の濃い場所を攻撃する化学種。

求電子置換反応（electrophilic substitution） 求電子試薬が起こす置換反応。

グリーンケミストリー（green chemistry） 反応試薬や廃棄物の環境影響を減らすために化学産業がとる行動。

結　合（bond） 原子と原子の結びつき。代表的な3種がイオン結合，共有結合，金属結合。共有結合は1個の電子対（逆スピンの電子2個）がつくる。

ゲノミクス（genomics） ある生物がもつ遺伝子の総体（ゲノム）と機能（タンパク質合成）を調べる分野。

原　子（atom） 元素の性質を示す最小の粒子。核（原子核）と電子からなる。

元　素（element） 核内の陽子数をもとにした原子の分類（巻末の周期表を参照）。英語 element は単体も意味する。

光　子（photon） 電磁波の粒子（光量子）。光子1個は，振動数に比例（波長に反比例）したエネルギーをもつ。

高分子（polymer） ⇨ ポリマー

孤立電子対（lone pair） 結合形成に関与しない電子対。

混合物（mixture） 複数の純物質が混ざったもの。厳密にいうと現実の物質はみな混合物。

錯　体（complex） 中心金属原子（ルイス酸）と配位子（ルイス塩基）が結合（配位共有結合）した化合物。

酸（acid） 水素イオン（陽子＝プロトン）を出す物質（ルイス酸も参照）。

酸　化（oxidation） 物質中の原子が電子を失うこと。もともとは「酸素との反応」。

酸化還元反応（oxidation-reduction reaction） ある物質から別の物質への電子移動を伴う反応。

試　薬（reagent） 化学反応に使う物質。

重　合（polymerization） 小さな分子がいくつもつながり合う反応。

触媒反応（catalysis）　それ自体は変化しない物質（触媒）が反応を速める現象。

水酸化物イオン（hydroxide ion）　OH^-の呼び名。

生成物（product）　化学反応の結果として生じる物質（群）。

炭水化物（carbohydrate）　組成式が（CH_2O）$_n$で，「水 H_2O が結合した炭素 C」つまり「炭（素）の水化物」とみなせる組成の有機化合物。

単　体（element）　同じ元素からできた物質。

タンパク質（protein）　アミノ酸がいくつもつながってできた化合物。

単量体（monomer）⇨ モノマー

置換反応（substitution reaction）　分子内の原子や原子団が別のものに置き換わる反応。

中間体（intermediate）⇨ 反応物が生成物になる途中で生じる化学種。

超伝導（superconductivity）　電気抵抗ゼロで電流が流れること。

滴　定（titration）　既知濃度の塩基（または酸）の水溶液を滴下し，酸（または塩基）の水溶液の濃度を求める測定法。中和滴定。

電　解（electrolysis）　電気エネルギーを投入して化学反応を進めること。

電気化学（electrochemistry）「化学 → 電気エネルギー変換」や「電気 → 化学エネルギー変換」を扱う分野。

電　子（electron）　単位量のマイナス電荷をもつ素粒子。

同位体（isotope）　核内の陽子数は同じでも中性子数が異なる原子。

二重結合（double bond）　原子どうしが2個の電子対を共有してつくる結合。

配位子（ligand）　錯体中で中心の金属原子に結合した原子や原子団。

反応中間体（reaction intermediate）⇨ 中間体

反応物（reactant）　化学反応の出発物質（群）。

非結合電子対（nonbonding electron pair）⇨ 孤立電子対

ヒドロニウムイオン（hydronium ion）　H_3O^+の呼び名。

フォトン（photon）⇨ 光子

フリーラジカル（free radical）⇨ ラジカル

ブレンステッド塩基（Brønsted base）⇨ 塩基

ブレンステッド酸（Brønsted acid）⇨ 酸

プロテオミクス（proteomics）　ある生物がもつタンパク質の全体と機能を調べる分野。

分光測定（spectroscopy）　電磁波の吸収や放出に注目して物質を定性・定量すること。

分　子（molecule）　一定の形に原子がつながったまとまり。化合物（分子化合物）の最小単位。

ポリマー（polymer）　重合の産物。

モノマー（monomer）　重合させる小さな分子。

陽イオン（cation）　プラス電荷をもつ原子や原子団。

陽　子（proton）　水素の原子核。水素イオン。水中ではヒドロニウムイオンの姿をとる。

溶　質（solute）　溶媒に溶けた化学種。

ラジカル（radical）　少なくとも1個の不対電子（ペアになっていない電子）をもつ化学種。

リガンド（ligand）⇨ 配位子

ルイス塩基（Lewis base）　電子対（電子2個）を出す物質。錯体の配位子が例。

ルイス酸（Lewis acid）　電子対（電子2個）をもらう物質。錯体の中心金属原子が例。

ルイス酸塩基反応（Lewis acid-base reaction）　ルイス酸（A）とルイス塩基（:B）が起こす「A ＋ :B → AB」の反応。

レドックス反応（redox reaction）⇨ 酸化還元反応

連鎖反応（chain reaction）　中間体が活性なため，一連の変化が次々と進む反応。

遷移金属（transition metal）　周期表上で3族～11族に並ぶ元素。

た　行

さ　行

索　引

原著者紹介

Peter Atkins（ピーター・アトキンス）

1940年英国生まれ．レスター大学で博士号（化学）を取得．1965年からオックスフォード大学リンカーン・カレッジに勤務（2007年退職）．化学の教科書・一般書は約70点．邦訳も『アトキンス 物理化学 第8版』（東京化学同人）ほか多数．

訳者紹介

渡辺　正（わたなべ・ただし）

1948年鳥取県生まれ．東京理科大学教授（東京大学名誉教授）．工博．専攻は電気化学，環境科学，科学教育など．著訳書は『「地球温暖化」神話』（丸善出版，2012），『アトキンス 一般化学』（東京化学同人，2014予定）ほか多数．

サイエンス・パレット 014

化学 ―― 美しい原理と恵み

平成26年3月25日　発　行

訳　者　渡　辺　　正

発行者　池　田　和　博

発行所　丸善出版株式会社

〒101-0051 東京都千代田区神田神保町二丁目17番

編集：電話（03）3512-3262／FAX（03）3512-3272

営業：電話（03）3512-3256／FAX（03）3512-3270

http://pub.maruzen.co.jp/

組版印刷・製本／大日本印刷株式会社

ISBN 978-4-621-08809-8　C0343　Printed in Japan